艾蜜莉會計師的

10 堂 創 業
必 修 課

鄭惠方——著

| 目錄 |

　　近幾年來，臺灣興起一股創業熱潮，越來越多年輕人勇於逐夢，追求自我。擔任青年創業總會總會長的緣故，我常有機會第一線參與創業楷模及會員的創業甘苦談，每個人的創業故事不盡相同，但可以發現創業這個夢雖美好，但終究必須逐夢踏實。

　　創業家多半具有一技之長，可能是技術專才或特定領域專家，但自行創業得全盤掌握事業經營的各個面向，當面對創業過程中的柴米油鹽醬醋茶時，有時不免不知所措。

　　青創總會執行經濟部中小企業處之創業諮詢服務專線已十餘載，常接獲創業家詢問的大大小小創業問題。例如：組織型態如何選擇？股權結構如何設計？如何籌足創業第一桶金？企業會計帳務及稅賦如何處理？

　　政府努力營造孕育創業環境，不論是財會法規、稅賦、融資、補助都有豐厚資源，但相關內容較艱澀且資訊散落各政府機關，創業家們不易全盤掌握與瞭解。

　　很高興聽聞鄭惠方會計師繼出版《艾蜜莉會計師教你聰明節稅》這本暢銷著作後，為創業族群特別撰寫這本《艾蜜莉會計師的 10 堂創業必修課》。本人有幸拜讀，書中針對各項創業大小事解疑答惑，曾有先進說過：「文不如表，表不如圖」，作者大量運用圖表，並且輔以明白易懂的文字，將難懂的專業問題變成簡單易懂的邏輯。例如：創業需繳納哪些稅務？何時繳納？作者運用企業稅務行事曆圖，讓讀者輕鬆一手掌握；作者也大方分享個人創業心得及對成功創業家的貼身觀察，撰寫「創業心法：艾蜜莉會計師的私房創業學」章節，提醒創業者只有創業硬技能仍不足夠，建立

正確心態才能增加創業勝算！相信創業家閱讀本書，對事業經營有莫大助益，祝福都能「創」出一片天、「業」務一萬丈！

　　在此特別感謝鄭惠方會計師多年來不辭辛勞協助本會推動創業、企業財會等課程與診斷輔導服務，謹代表青創總會致上我們的誠摯謝意！

中華民國全國青年創業總會總會長　謹識

徐煥清

己亥年初春

　　根據美國巴布森學院和英國倫敦商學院發布「全球創業觀察：2017／2018 年全球報告」，臺灣的早期新創活動占比已達 8.6%，是自 2011 年納入評比以來的最佳表現；而世界經濟論壇也將臺灣列為全球四個超級創新國家之一，表示我國整體創新能力日漸獲得國際肯定。

　　近年，臺灣創新創業人口增長，任何一種技術、想法或服務等都可能是創業的起點，而看似簡單的背後，創業者要面臨的挑戰真不少，除了技術創新、產品優化、拓展市場業務外，還有更大一部分在於公司治理，這也是新創企業能否穩健成長的關鍵。

　　創夢市集從事新創企業加速育成及早期投資，在與新創公司互動的過程中發現，創辦團隊在創業初期，面臨最大問題多為營運資金的管理和需求，而若有幸獲得外部資金，緊接而來與投資人的股權協議、建立財務公信制度、辦理召開董事和股東會等程序⋯都是創業者要逐步歷經必修課。

　　過去，臺灣創業教育並不普及，多數新創團隊對公司治理的知識，經常是「摸著石頭過河」或「遇到了再說」，而真正遇到時，也就上網搜尋或在朋友圈中拼湊答案，甚少諮詢專業顧問；再者，每一產業面臨問題不一而足，相關法令更與時俱進，如果欠缺對整體制度的認識暸解，非但耗費了摸索時間，還可能顧此失彼讓公司經營涉入未知的風險之中。

　　鄭惠方會計師，長期關注新創產業，多次協助創夢市集加速器入選團隊，提供股權規劃、稅務、財務會計等諮詢服務，而這本《艾蜜莉會計師的 10 堂創業必修課》更是從如何成立公司的創業始點，系統性地將創業者在公司營運到未來的發展規劃上，所會面臨或應注意的關鍵問題，化繁

為簡搭配最新的實務案例，逐一解答，可謂是一本讀完立馬上手的創業入門書。

　　祝福正在翻閱此書的你，無論是已經創業或準備創業，都能藉由艾蜜莉會計師的引領，朝向一條更穩健的創業路上奔馳前進。

傅慧娟 創夢市集股份有限公司總經理

對新創團隊而言，鄭惠方會計師出版的新書《艾蜜莉會計師的 10 堂創業必修課》可說是沙漠中之甘泉，暗海裡之燈塔。當新創團隊有了新穎完整之創意，也有如何落實點子之創新，他們就踏上了創業之旅途。創業旅途中，新創團隊要面對所謂的「死亡之谷」的考驗；此考驗會嚴酷地淘汰掉絕大多數之團隊。通過此考驗之新創團隊才算是真正的新創公司。而後，新創公司還要面對所謂的「達爾文之海」的物競天擇過程；此過程會真實地經歷商場上弱肉強食之競爭，再一次地殘酷地重創絕大多數之新創公司。鄭會計師所出版的這本書可說是專為新創團隊所寫的指南，指引他們如何勇敢地徒步通過「死亡之谷」；也是專為新創公司所寫的護身符，協助他們如何義無反顧地渡過「達爾文之海」，到達成功之彼岸。

感謝鄭惠方會計師在我擔任國立政治大學創新育成中心主任時，熱心地前來演講，分享這十堂必修課的精華給年輕學子，也協助輔導過進駐在政治大學創新育成中心之新創團隊。從聽過演講的聽眾以及被輔導過之團隊成員的反應，我可以確定這十堂必修課之經驗是寶貴的。我相信透過「艾蜜莉會計師的十堂創業必修課」一書，讀者更能了解通過「死亡之谷」考驗的訣竅以及面對「達爾文之海」競爭的信心。

《艾蜜莉會計師的 10 堂創業必修課》希望在有志於新創事業的每一個人心中種下一顆種子，讓他們相信創業是可能的人生選項，更了解如何自行創業。盼閱讀此書的人，可具備創業家之精神和基本知識，未來能實際應用在自己的人生規劃與職涯發展中。

蔡瑞煌 國立政治大學資管系特聘教授

（本文作者為國立政治大學資管系特聘教授，並曾任國立政治大學副研發長及創新育成中心主任）

寫給創業家的創業實戰指南

　　創業是一個不斷學習和自我成長的過程，沒有人真正準備好才開始創業。LinkedIn 創辦人 Reif Hoffiman 曾說過：「創業就像從懸崖上往下跳，飛速下墜的同時，一邊為自己組裝一架飛機」，一語道盡創業成功所必備的勇氣及快速學習成長的能力。

　　創業不是一門學科，它需要跨領域的知識與技能，因此難以透過大學教育養成，儘管各大學紛紛推出創新創業學程，但理論與實務之間仍存在不少落差。許多創業家具備多年工作經驗，甚至曾經擔任高階經理人，但職場經驗與歷練通常侷限在特定企業部門，不見得能夠瞭解企業運作的全貌，創業之初仍舊必須學習如何「校長兼撞鐘，老闆兼工友」。

　　坊間以創業為主題的書籍雖然汗牛充棟，但大多偏向產品、市場及商業模式的探討或成功經驗的分享，較欠缺關於我國新創企業實務運作的書籍。新創事業輔導及諮詢一直是我們會計師事務所的主要服務項目之一，多年來服務新創企業的過程中，我們發現不同產品、不同產業或不同商業模式的新創企業，其實都面臨許多類似或相同的問題，因此本書以會計師的角度，歸納統整創業的十堂必修課，以系統性的方式解答新創企業營運所面對的各項實務問題，諸如：事業投資架構如何規劃？如何妥善規劃股權以保障經營權？如何給予員工股權獎勵？創業資金何處尋？我的公司值多少？投資意向書（term sheet）的條款在寫什麼？產品如何訂價？何時

可以損益兩平？似是而非的兩套帳？千金難買早知道的節稅規劃？董事會及股東會如何進行？如何走向上市櫃？……

本書或許無法指引創業家通往成功之路，但相信可幫助創業家少犯一些錯、少走冤枉路。跳下懸崖飛速下墜時能夠減少組裝飛機的時間，距離事業起飛之時就更近一些！

最後，感謝時報出版主編林憶純女士的慧眼及對我再三拖稿的包容，這本書終於問世了！此外，我要特別感謝惠譽會計師事務所團隊的辛勞和付出，以及客戶與粉絲們的長期支持，還有我可愛的家人們，謝謝您們無條件的犧牲及奉獻，成全了我的著作及創業之路！

創業的十堂必修課

　　根據經濟部中小企業處統計，一般民眾創業，1 年內倒閉的機率高達 90%，而存活下來的 10% 中，又有 90% 會在 5 年內倒閉。客觀地來看，創業要成功，並不容易。創新工場創辦人李開復曾提過，創業時的執行比創業構想更重要，因為在創業的過程中，最初的點子很少能一直持續下去，而是隨著使用者需求與市場趨勢不斷調整。因此，良好的執行力遠比創業構想更重要。作為一位長期輔導新創企業的執業會計師，我們發現新創企業除了產品、商業模式及市場開拓之外，其實面臨許多企業運作上的問題。前端衝鋒陷陣的同時，後勤支援是否到位，亦是影響新創企業成敗的因素。

　　新創企業發展通常會歷經三個階段，第一階段公司為創辦團隊 100% 持有，股東結構相較單純，此時的新創企業仍處於草創階段，力求生存並做出一些成績，公司最關心的議題在於股權架構規劃、聘任員工相關勞動法令遵循、留才激勵措施，以及如何籌措資金取得壯大事業所需的資源；引進外部資金後的第二階段，新創企業應善用募得的資金將事業規模化，並學習如何制度化經營略具規模的事業，此時公司股權由原始創辦團隊及投資人共同持有，企業之會計帳務及財務數字再也不可含糊不清，創業家必須向投資人交代資金運用情形及經營成果，並學習管理投資人關係；當企業達一定規模時，新創企業開始思考公開發行及邁向資本市場，向社會大眾公開募集資金，此時公司治理益顯重要。本書分成十個章節，介紹新創企業成長過程中必修的十堂課，期望能幫助創業家們實踐創業的夢想。

階段 3：公眾企業
資本市場·公司治理

階段 2：共有企業
規模化·制度化

階段 1：私人企業
求生存·拼成長

1. 新創事業組織及投資架構 2. 談員工股權獎酬及勞動法令須知 3. 創業募資面面觀 4. 新創企業估值與募資的協議過程及文件條款	5. 新創企業的會計帳務與財務報表 6. 新創企業不可不知的稅務知識 7. 新創企業不可不知的租稅優惠 8. 新創企業的經營決策與績效管理	9. 董事會／股東會運作實務 10. 資本市場介紹

一、創業的起點 ─ 新創事業組織及投資架構

　　事業組織設立，是許多人創業夢想的起點。第一堂課為公司面面觀，介紹公司組織的種類、資本額及出資種類、股東權利、轉讓限制、董監責任、盈餘分派及公司設立流程等。除本國公司外，本章亦介紹境外公司、OBU 帳戶，及常見的投資架構及反避稅制度。

二、留住好人才 ─ 談員工股權獎酬及勞動法令須知

　　公司設立後招聘員工，立即要面對就是相關的勞動法令遵循。第二堂課介紹新創企業必須瞭解的勞工保險、全民健康保險及勞工退休金規定。此外，新創企業通常資金有限，可能無法提供具競爭力的薪資待遇，本章

介紹七大類員工股權獎酬工具，可做為新創企業攬才留才的利器。

三、如何找資金 — 創業募資面面觀

募資能力是新創企業競爭力的一環，第三堂課介紹新創企業募資的四種管道：債權融資、股權融資、政府補助及群眾募資。

四、與投資人共舞 — 新創企業估值與募資的協議過程及文件條款

尋求股權融資（例如引入創投資金）是新創企業成長茁壯的必經之路，第四堂課針對新創企業股權融資過程中涉及的協議過程、企業估值方法、募資常見的重要文件及投資條款，做一完整介紹。

五、創業家的第一堂會計課 — 新創企業的會計帳務與財務報表

會計被稱為企業的語言，是商業上共通的溝通工具；財務報表如同企業的財務儀表板，呈現企業經營活動的資訊。第五堂課介紹新創企業不可不知的會計知識，並回答新創企業帳務處理的諸多疑問。

六、創業家的第一堂稅法課 — 新創企業不可不知的稅務知識

新創企業除了每兩個月一期的營業稅申報及每年五月份的年度營利事業所得稅結算申報之外，每年的一月份及九月份還有扣繳申報及暫繳申報。第六堂課介紹新創企業不可不知的稅務知識，一一解說上述稅務申報規定。

七、少繳稅的小撇步 ── 新創企業不可不知的租稅優惠

新創企業必須在有限的資源下尋求企業發展，如果能夠善用政府提供的各項租稅優惠，合法的少繳稅，也就擁有更多的資金可運用於事業擴展。第七堂課介紹新創企業不可不知的租稅優惠，提供讀者一些少繳稅的小撇步。

八、數字管理學 ── 新創企業的經營決策與績效管理

新創企業是否能走得長遠，各項重大營運決策的制定具有關鍵影響力，決策後之執行必須配合相關經營績效管理制度，方能適時修正並取得未來決策所須的營運數據。第八堂課介紹新創企業常見的經營決策議題，從利潤管理、存貨管理、資本支出決策以及資金管理等四個面向切入，最後介紹企業經營績效管理制度，並列舉常見的經營績效指標供讀者參考。

九、新創企業的公司治理 ── 董事會／股東會運作實務

董事會和股東會是公司治理的主要機制，公司業務之執行，除了公司法或章程規定由股東會決議之事項外，由董事會決議行之。而公司董事，又是經由股東會選任。董事會和股東會，實為公司的一體兩面。第九堂課介紹董事會和股東會的運作機制、流程與相關應注意事項。

十、邁向下一個里程碑 ── 資本市場介紹

IPO（Initial Public Offerings）首次公開發行，是許多創業家的目標，也是投資人的退場機制。最後一堂課，我們介紹創櫃版、興櫃、上櫃、上市的相關規定，以及新創企業進入資本市場的路徑。

Lesson 1

創業的起點
新創事業組織及投資架構

在你準備摩拳擦掌創業時,除了煩惱資金哪裡來?

如何找人?客戶在哪裡?

其實還有一件很重要的事情,就是成立事業經營的主體。

有了公司或行號這個事業主體後,你的事業才能正式展開……

創業組織該如何選擇？公司或行號？

事業組織設立，是許多人創業夢想的起點。

在你準備摩拳擦掌創業的同時，除了尋找創業資金來源、找尋合適的創業夥伴、調研市場及開發客戶，還有一件很重要的事情，就是成立事業經營的主體。有了公司或行號這個事業主體後，你的事業才能正式展開，包括與上游供應商簽訂供貨合約、與客戶簽訂銷售契約、簽訂事業合作夥伴等，讓營運真正地步上軌道。

因此，創業家常見的一個問題是：「我們應該要設立公司還是行號？」或是「公司與行號有什麼不同？」

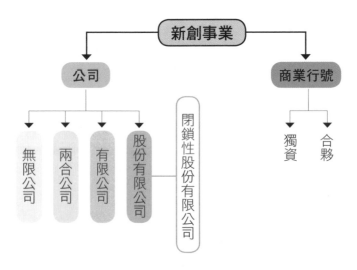

公司與行號，在事業名稱專用性、出資者責任、法人人格、營業稅、所得稅及盈餘分配、組織轉換等，都有極大的差異。創業家在創業前，應考量事業營運涵蓋的地理範圍、營收規模、營運風險等因素，決定設立公司或行號。以下就公司與行號之各項差異，做細部說明。

一、事業名稱專用性

如果創業主想設立的是小型商店，市場及客戶具有區域性，未來的規模也不會迅速擴張，因此不需要全國性的專用名稱，此時可以考量選擇設立行號。行號又分為獨資及合夥組織，獨資主的經營掌握權力比合夥組織強，但合夥組織的資源通常會比獨資組織來得多。

但如果創業主的事業企圖不侷限在區域性的生意，而是著眼全國甚至是跨國的生意，此時選擇公司組織較佳。由於公司的名稱全國不得重複，所以不必擔心今天在一個縣市做出名聲及品牌後，到其他縣市擴點又要換另一個事業名稱。

二、股東（出資者）責任

就股東（出資者）責任的角度，行號組織不管是獨資或合夥，出資者都是負無限清償責任。而公司股東僅就其出資額或所認股份負有限清償責任。因此，若從事的產業特性具有高度營運風險，或是事業規模較大時，創業主應審慎評估有無必要將其身家財產繫於一旦，承負無限清償責任的風險。

三、法人人格

　　行號及公司另一項差異，就是有無法人格。依《民法》26 條，法人於法令限制內，有享受權利負擔義務之能力。行號非法人組織，無獨立之法人人格，故合夥財產為合夥人共有。公司為營利法人，擁有獨立之法人人格並獨立為法律行為，故公司財產屬於公司本身單獨擁有，與股東財產分離。

四、營業稅

　　行號若每月營業額在新臺幣 20 萬元以內者，為小規模營業人，可以申請免用統一發票適用營業稅率 1%。公司組織及每月營業額超過 20 萬元的行號，依規定需使用統一發票，原則上適用營業稅率 5%。故當每月營業額超過 20 萬元時，公司或行號在營業稅層面，原則上沒有差異。

五、所得稅及盈餘分配

　　公司每年度需申報營利事業所得稅，營所稅率為 20%。行號組織自 107 年起的所得額，直接歸併到資本主的營利所得，課徵綜合所得稅。因綜所稅率最高至 40%，從所得稅整理規劃的角度，若事業成長到一定規模時，企業主以行號經營所負擔的整體稅負可能會較高。

六、組織轉換

　　因為行號組織與公司組織適用的法令不同，前者是《商業登記法》，後者是《公司法》。若行號成長到一定程度時，期望轉換成公司組織，在

法令上是不允許的。但有限公司可以轉換為股份有限公司，其中一般的股份有限公司與閉鎖性股份有限公司可以互相轉換。

最後，我們總結行號與公司組織的主要差異，如下表：

	商業行號	公司
法源依據	商業登記法	公司法
事業名稱	○○工作室、○○行○○館、○○坊	○○有限公司、○○股份有限公司
名稱專用權	同縣市不得重複	全國不得重複
股東（出資者）責任	負連帶無限清償責任	原則上，股東就其出資額或股份負有限清償責任
法人人格	無（自然人位階）	有（法人位階）
營業稅	小規模營業人：1% 非小規模營業人：5%	5%
營所稅	無。併入到個人綜合所得稅計算	20%（全年課稅所得額在 12 萬元以下者免徵）
組織轉換	行號不得變更為公司；合夥不得變更為獨資	有限公司得變更為股份有限公司；股份有限公司不得變更為有限公司，但得與閉鎖性股份有限公司互相轉換

公司組織面面觀

公司組織的種類

　　公司的組織可區分為四種：有限公司、股份有限公司、無限公司及兩合公司，目前以有限公司與股份有限公司最為普遍，為了賦予企業更大自治空間、多元化籌資工具及更具彈性之股權安排，《公司法》於 104 年增訂「閉鎖性股份有限公司 ❶」專節，自 104 年 9 月 4 日起施行。《公司法》於 107 年修正時，更將閉鎖性股份有限公司的許多特點，擴大適用至所有非公開發行股份有限公司。本節將主要針對有限公司及股份有限公司（含閉鎖性股份有限公司）進行探討。

　　有限公司只需要一人即可成立，架構相對單純，但也較缺乏彈性。股東原則上每人一票（表決權），但得以章程訂定按出資多寡比例分配表決權。有限公司增資、新股東加入、減資或變更組織為股份有限公司等程序，均需股東表決權過半數同意；變更章程、合併及解散等事項均需要股東表決權 2／3 以上之同意；如果股東（董事）要轉讓其出資額，則需要其他股東表決權過半數（2／3 以上）之同意。因此有限公司較適合沒有對外募資需求或股東結構較單純的公司。

　　股份有限公司至少須有兩名以上的發起人（或是一名政府或法人股東），提供較具彈性也相對複雜的股權設計工具，如複數表決權、否決權、保障或限制董監席次、股份轉讓限制等，會在接下來的章節介紹。

創業家可以根據實際合作的模式，選擇適合自己的公司形態，或是考慮初期先成立有限公司，之後視情況需要再改組為股份有限公司。

有限公司與股份有限公司的共同點在於：股東原則上僅須負「有限清償責任」，僅就出資額或是所認股份負責，舉例來說，公司資本總額為400萬元，某股東認購300萬元，而當公司虧損500萬元而決定解散時，該股東只需就所認購的300萬元負責，即使股東個人尚有資產，也不必出資彌補虧損。

---

❶ 閉鎖性股份有限公司是指股東人數不超過50人，且有股份轉讓限制之非公開發行公司，是政府為促使商業環境更有利新創事業，而自104年9月4日起正式施行。由於閉鎖性的封閉特性，相較於傳統的公司組織，閉鎖性股份有限公司更強調契約自由和公司自治的精神，賦予企業自治空間、多元化籌資工具及更具彈性之股權安排等，增加創業公司的設立彈性。

資本額及出資種類

資本額是股東投入的資金或實物，目前法令並沒有最低資本額的規定，但也不代表以1元設立公司是恰當或可行的。公司的日常營運都需要資金，如果資本額設為1元，那麼成立公司當天付了第一筆開銷後，公司不就彈盡糧絕了嗎？因此，公司資本額仍應該有一定數額，用以支撐公司日常營運所需開銷。資本額應該設定多少較恰當呢？建議可以參考公司未來六至十八個月營運所需支出金額作為創設公司時的資本額參考，因為初創公司到公司能產生正的現金流或是順利募得資金往往都需要一年半

載。資本形成的來源形式除了最常見的現金出資之外，其實還可以透過貨幣債權或是公司所需要的財產、勞務、技術來抵充股款，讓有錢的出錢，有力的出力，有技術的出技術。

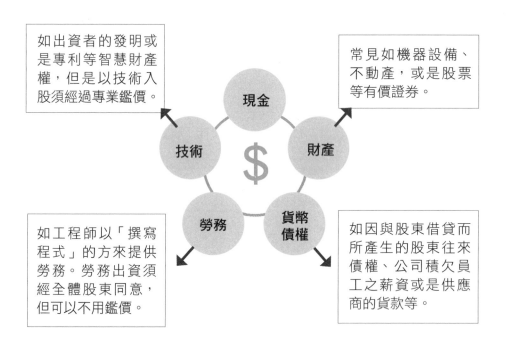

如出資者的發明或是專利等智慧財產權，但是以技術入股須經過專業鑑價。

常見如機器設備、不動產，或是股票等有價證券。

如工程師以「撰寫程式」的方來提供勞務。勞務出資須經全體股東同意，但可以不用鑑價。

如因與股東借貸而所產生的股東往來債權、公司積欠員工之薪資或是供應商的貨款等。

技術股（技術出資）的發行最常見於科技新創公司，例如是生技業或電子業等需要具有專門技術或專利權的人員，將自己的專業技術或專利權讓與或授權給公司使用，而公司以等值的股票作為對價。發行技術股時，

專家出具鑑價報告，以鑑價報告證明此技術得抵繳多少股款。

　　員工於「取得」技術入股的股份時，在未選擇緩課的情況下，將技術抵繳股價的金額與成本之差額須計入當年度財產交易所得，若無法提示相關成本及費用憑證，以作價金額之 30％為成本率，財產交易所得計算公式如下：每股金額 × 股數 ×（1-30％）。與員工酬勞相同，「出售」股票獲利時也會產生所得，若公司發行經簽證的股票，則為免稅的證券交易所得；若公司發行未經簽證的股票，則為財產交易所得，併入個人綜合所得額中，申報綜所稅。

　　技術作價的專門技術必須是「可辨認」及「可鑑價」，例如專利權。因為適用門檻較高，對於多數的公司來說無法適用。許多新創公司的核心技術人員並不擁有專利或是公司的核心競爭力並不仰賴專利權保護，例如軟體研發工程師的專業技能對軟體新創公司很重要，但他可能因為沒有專利而不滿足技術出資的條件。又例如廚師之於一家新開的餐廳具有關鍵影響力，但他也可能因不滿足技術出資的條件無法取得股權，這些例子都適合採用勞務出資。

　　勞務出資是閉鎖性股份有限公司特有的出資方式，只要取得全體股東同意，就可以讓新創的核心團隊透過替公司服務所付出的勞務入股，提供勞務的內容基本上沒有限制，而以勞務出資「取得」的股權價值，屬所得稅法規定的「其他所得」。除「取得」股權時，需依法計算員工之所得，於「出售」時，也可能要繳納所得稅。

若以勞務出資取得公司股票，沒拿到任何現金前就要被課稅，想必沒有任何一個員工願意吧。其實是有解決方法的，因為所得之計算，依公司章程是否規定該股權於一定期間內不得轉讓，若有限制轉讓期間，即以限制期間屆滿隔天的股票價值為所得，若沒有規定轉讓限制，則以取得股權當天的股票價值為所得，也就是公司章程所載明勞務或信用所抵充之金額，因此，只要公司訂定轉讓限制，就可以讓員工在一定期間後再認列所得。

若想為員工做好勞務出資稅務規劃，公司於設定轉讓限制時，應該考量其企業財務生命週期，新創企業財務生命週期可能前幾年虧損，故公司淨值會降低，當企業度過死亡之谷，邁入快速成長並盈利時，公司淨值會提昇，因此，若新創公司一飛沖天，幾年後公司的淨值翻漲了好幾倍，勞務抵充出資的股東課稅所得也將隨著時間不斷增加。

簡言之，勞務出資時，若預期前幾年會虧損，可考慮限制一定期間不得轉讓，理想上，最佳的限制期間為至公司損益平衡點。此外，公司也可以選擇設多個不同的轉讓期間限制，亦可有效降低勞務出資的所得稅負。

有限公司的股東出資稱作「資本」，股份有限公司之資本，應分為「股份」，擇一採行票面金額股（面額股）或無票面金額股（無面額股）。採行票面金額股之公司，其股票之發行價格，不得低於票面金額。採行無票面金額股之公司，其股票之發行價格則不受限制，更有彈性。

早期《公司法》規定每股應有票面金額，且所有公司的面額均為 10

	有限公司	股份有限公司	閉鎖性股份有限公司
現金	✔	✔	✔
財產	✔	✔	✔
技術	✔	✔	✔
勞務	✘	✘	✔
貨幣債權	✔	✔	✔
信用	✘	✘	✘

元，雖然後來放寬限制開放彈性面額，但每股金額仍以「元」為最小單位。因為已 定俗成，公司幾乎都採 10 元為面額。104 年《公司法》修正後，才允許閉鎖性股份有限公司發行無票面金額股。為了提供新創事業在股權上有更自由的規劃空間，107 年 2 月經濟部放寬股份有限公司可發行低於新臺幣 1 元面額的股票，不再對股票面額做出限制。107 年 7 月《公司法》修正後，更是擴大讓所有股份有限公司均得發行無票面金額股。目前不論股份有限公司或閉鎖性股份有限公司，都可以發行無面額股票或低於 1 元面額的低面額股票。

　　對於新創企業家而言，初期籌措資金較困難，可透過發行無面額股或是極低面額股以較低的發行價格取得股份，等到發展較穩固後再提高股票的發行價格，有助於創業家未來募資後不容易被稀釋股份，仍能夠握有公司經營的主導權。

有面額股	無面額股 New
一般性股份有限公司 閉鎖性股份有限公司	一般性股份有限公司 閉鎖性股份有限公司
目前並沒有股票面額一定為 10 元或是以「元」為最小單位的限制，每股面額可以是 1 元、2 元，或是 0.1 元，但實務上仍多以 10 元為主。非公開發行的股份有限公司，其股票的發行價格不得低於票面金額	無面額股不受到最低發行價格（面額）之限制，也能夠以每股極低價格，如 0.01 元來發行股票。發行價格由公司決定，再由股東認股，對公司而言，籌措資金會更加便利，可避免無法折價發行而阻礙籌資的問題

股東的基本權利

股東的基本權利，主要包含收益權（指股東享有公司盈餘和剩餘財產的分配權）與表決權。而根據股東權利，另外也可以將股份區分為普通股與特別股。

如果公司只有發行一種股票，其權力一律相同，均為普通股。如果公司有發行特別股的話，需於章程上特別載明公司得發行特別股，並訂定特別股的相關細節，特別股的種類有很多種，包含在表決權、剩餘財產分派與盈餘分派的比率和優先順序，或是特別股是否需在一定期間後須由公司贖回或是轉換為普通股，甚至特別股也還可以限制或保障一定名額的董監事席次。

普通股	公司通常發行的無特別權利的股份，所享有股東權一律平等，也沒有到期日，永遠不必償還，是構成公司資本的基礎，發行量也最大
特別股	相對於普通股，特別股會在某些方面會享有特別優先的權利或是限制的義務

股東的表決權

有限公司

原則上每一位股東都有一票表決權，不管出資比例的多寡，但是公司也可以在章程上明訂以出資多寡比例分配表決權。

股份有限公司

普通股是構成公司資本的基礎，普通股股東權利一律平等，因此在表決權上會是一股一票，也就是擁有較多股數的人說話可以比較大聲。但對創業家言，他們必須對外募資同時卻又擔憂公司的經營主導權，面臨兩難的局面。此時公司可以透過發行複數表決權或是具有特定事項否決權的特別股，來鞏固創業團隊的經營權

相對於普通股的一股一權，複數表決權，顧名思義，一股可以擁有多數表決權；具有特定事項否決權的特別股，又被稱為黃金股、特殊管理股，它賦予該股東對特定重大事項享有否決權，也就是說即使股東大會多數決議通過某個重大事項，持有「黃金股」的股東仍然可以否決該事項的

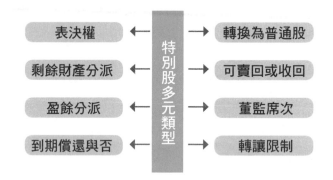

通過。因此創業家可藉由黃金股的設計，來保障其對公司特定事項有絕對決定權。但要特別留意的是，「黃金股」如其名，具有重大的價值，應該謹慎發行。如果人人都有黃金股，可能變成人人都是「釘子戶」，造成多數服從少數的詭異現象。

目前非公開發行的公司與閉鎖性股份有限公司均可發行具複數表決權及特定事項否決權的特別股，但差別在監察人選舉時，股份有限公司的複數表決權特別股股東只允許一股一權，但閉鎖性股份有限公司複數表決權特別股股東仍具有複數表決權。

最後，非公開發行公司股東可以用書面契約約定共同行使股東表決權之方式，或成立股東表決權信託，由受託人依書面信託契約之約定行使其股東表決權。

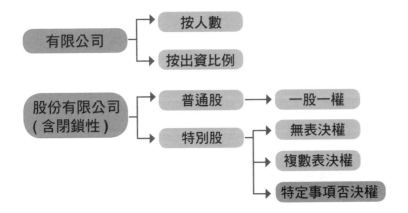

股份轉讓限制

有限公司在出資轉讓上具有閉鎖性，一般的股東需要其他股東表決權過半數同意，才可轉讓，如果是擔任董事的話，其限制就更嚴格，需要其他股東表決權 2 ／ 3 以上同意，才可以把出資額轉讓給他人；股份有限公司的股權原則上為自由轉讓，在 107 年《公司法》修正後，允許非公開發行公司的特別股載明轉讓限制，故已非完全自由轉讓。而閉鎖性股份有限公司之最大特點，就是法律限制其股份轉讓自由，以維持閉鎖特性，因此公司章程上必須載明股份的轉讓限制，不能沒有轉讓限制。

董事及監察人

有限公司應設置董事 1 ～ 3 人執行業務並代表公司，經由股東表決權 2 ／ 3 以上之同意，從有行為能力的股東中選任。因此，有限公司的

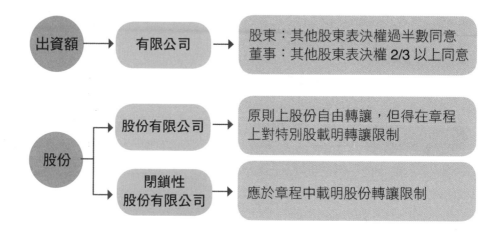

董事必定也是股東。董事有數人時,得以章程置董事長 1 人,對外代表公司;董事長應經由董事過半數之同意互選。不執行業務之股東,則可以行使監察權,隨時向執行業務之股東質詢公司營業情形,查閱財產文件、帳簿、表冊,並代表公司委託律師、會計師來審核。

股份有限有限公司(含閉鎖性股份有限公司)董事會,原則上設置董事至少 3 人,由股東會就有行為能力之人中選任。因此,股份有限公司的董事,不必然是股東。多數新創或中小企業股權結構單純,實際負責人可能僅有 1 人,公司組織其實並不需要 3 位董事,為了符合實務運作並回歸企業自治,在 107 年《公司法》修正後,公司不必再為了符合法令而湊人頭來擔任董事,開放非公開發行股票公司可以於章程中明定不設董事會,僅設置董事 1 ～ 2 人。

股份有限有限公司監察人,同樣是由股東會選任,且監察人不得兼任公司董事、經理人或其他職員。監察人中至少須有 1 人在國內有住所。在

107 年《公司法》修正後，如果政府或法人股東 1 人所組織之股份有限公司，可以不必設置監察人。監察人的職責在於監督公司業務的執行，監察人可以列席董事會陳述意見，並可隨時調查公司業務及財務狀況，查核、抄錄或複製簿冊文件，並請求董事會或經理人提出報告。監察人對於董事會編造提出股東會之各種表冊，必須予查核，並報告意見於股東會。因為這些監督事務涉及許多會計專業，監察人可以委託會計師來審核。

公司業務之執行，除《公司法》或章程規定應由股東會決議之事項外，原則上公司事務應由董事會決議行之，因此掌握公司的董監席次，原則上就掌握了公司業務執行的決定權。在 107 年《公司法》修正後，允許非公開發行公司及閉鎖性股份有限公司限制或禁止特別股股東取得董監席次，讓新創企業的創辦團隊可以在募資時限制投資人僅為財務投資，不涉入公司經營，確保創辦團隊的經營主導權。相對的，投資人投入大筆資金予公司，可能期望取得董事或監察人席次，以確保投入的公司資金被有效運用。在 107 年《公司法》修正後，也允許非公開發行公司及閉鎖性股份有限公司保障特別股股東取得一定名額的董事席次，還允許閉鎖性股份有限公司保障特別股股東具有取得一定名額的監察人席次。最後，閉鎖性股份有限公司股東會選舉董事及監察人之方式，更具彈性，不強制公司採累積投票制，而允許公司得以章程另定選舉方式。

公司盈餘分派

所謂的盈餘，就是公司損益表中的「保留盈餘」，不論是有限公司還

是股份有限公司，根據《公司法》規定，只有當公司有盈餘，且依法繳納所有稅捐、彌補往年的虧損、提列法定盈餘公積後，仍有餘額時才可以分派股息與紅利。

不論是分派股息還是紅利，原則上都是以現金給付的方式發放，股份有限公司還可發放股票股利，但需經過股東會特別決議通過。另外，從分配的次數上來看，目前有限公司、股份有限公司或閉鎖性股份有限公司均可一年內多次分派盈餘（每年／每半年／每季一次），若要每季或每半年分派盈餘的話，應於章程上訂明。按季或是期中分派現金股利的話，由董事會決議即可，不需經股東會決議。

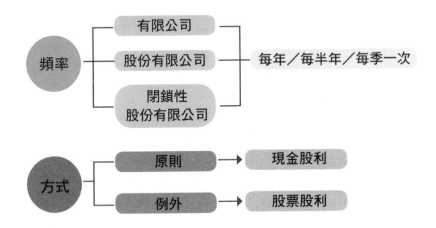

三種公司大不同

最後，我們總結有限公司、一般非閉鎖性股份有限公司及閉鎖性股份有限公司的主要異同處，幫助讀者能快速地選擇適合自己的公司組織。

	有限公司	股份有限公司	閉鎖性 股份有限公司
股東人數	至少 1 人	2 人以上自然人股東或 1 人以上政府、法人股東	2 人以上自然人股東或 1 人以上政府、法人股東；最多 50 人
董監人數	董事 1～3 人	董事至少 1 人；監察人至少 1 人，政府或法人股東 1 人所組織之股份有限公司，可以不必設置監察人	
董監事選舉	股東表決權 2／3 以上同意	累積投票制	累積投票制或章程另定選舉方式
股東責任	股東均負有限清償責任，以出資額為限		
出資型態	現金、財產、技術、貨幣債權		現金、財產、技術、貨幣債權、勞務
股票發行		有面額股、無面額股	
表決權	每一股東不問出資多寡，均有一表決權。但得以章程訂定按出資多寡比例分配表決權	・普通股：一股一表決權 ・特別股：無表決權、複數表決權或特定事項否決權	
盈餘分派	每年／每半年／每季		
出資轉讓	股東：需經其他股東表決權過半數同意 董事：需經其他股東表決權 2／3 以上同意	原則上股份自由轉讓，但得在章程上對特別股載明轉讓限制。	應於章程中載明股份轉讓限制
組織轉換	可轉換為股份有限公司	非公開發行公司可轉換為閉鎖性股份有限公司	可轉換為股份有限公司

如何開公司？公司設立流程介紹

決定公司基本資料

在了解不同公司組織的特性與相關規定之後，創業家到底該準備什麼，才能夠為自己的目標踏出第一步？在這裡，為大家整理出一些注意事項：

☑公司名稱	原則上由當事人自由選定，但須注意到名稱的專用性，與現存公司有無重複
☑組織型態	公司分成許多種型態：有限公司、股份有限公司、閉鎖性股份有限公司、外國公司在臺子公司、外國公司在臺分公司等
☑發起人及負責人	公司的發起人與負責人皆不得為未成年人（已結婚者除外），必須具有行為能力
☑資本額	法令並無最低資本限制，但公司的資本額至少應能夠維持公司的的初始營運
☑營業項目	目前營業項目可以分為十大類（A-J），需注意有些營業項目是必須先取得主管機關許可才可經營

公司設立的基本流程

公司名稱預查
確認是否與其他公司名稱有重複,最好準備1-3個候補名稱。在收到預查核定書後才算正式確定公司名稱

開籌備戶
由於公司尚未正式成立,須以「○○公司籌備處」的名義在銀行開戶,再存匯入股款

準備相關文件
除了擬定好的公司章程,還需準備設立申請書、登記表、股東同意書、租約稅單等相關文件

會計師驗資
必須請有執照的會計師對公司資本進行驗資。若籌備期間不長的話,建議在設立完成前暫時先不要動用籌備戶的股款

送件至主管機關
將設立申請相關文件送至公司所在地主管機關,如臺北市為臺北商業處,新北市為新北市經濟發展局

公司設立完成後還要做的事有⋯⋯

完成 稅籍登記	公司新設立後應於開始營業前並申領統一發票
變更 銀行戶名	變更公司銀行帳戶名稱,從原先籌備處的形式轉正為公司正式的名稱
勞健保與 勞退	成立勞保、健保、勞退等投保單位,詳細內容請參閱第二堂課
公司負責人 及主要股東 資訊申報	107 年 11 月 1 日起設立的公司,應於設立後 15 日內向經濟部之「公司負責人及主要股東資訊申報平臺」申報公司負責人及主要股東資訊

申辦廠商出進口登記

公司設立完成後,也還可以視經營需求,來辦理出進口廠商登記,只有經過國貿局登記者才可以經營輸出入業務。一般來說,出進口廠商的營業項目通常都會有「F401010 國際貿易業」。

公司外文名稱登記

過去公司若要登記外文名稱,只能向經濟部國貿局進行名稱預查,辦理出進口廠商登記。申辦的管道有兩種:第一,直接向國貿局辦理,方式除了臨櫃申請,也可以透過郵寄、傳真、網路申請;第二,透過經濟部一

站式網站，線上即可產製申請資料與公司基本資料，會自動將資訊連結至國貿局。

　　然而，面對企業跨境交易與商務活動越來越頻繁，在107年《公司法》修法後，現在也開放公司直接向主管機關申請公司外文名稱登記，只要將名稱載明於公司章程及登記表後，主管機關就會依此來記載登記。外文名稱登記不會做任何事前審查，但主管機關保留要求變更、撤銷或廢止的權力。

境外公司與 OBU 帳戶

　　境外公司（Offshore Company）廣義而言，只要是註冊在海外的公司就稱為境外公司；狹義來說，是指設立在免稅或是低稅率的租稅天堂國家之公司，基本上只要不涉及當地營利所得就全部免稅，且公司股東與董事的股權比率、收益狀況等資料均保密，設立時間快且程序簡單，只需要每年按時向註冊地政府繳交年費來維持境外公司的存續性，但有些地區仍有定期稅務申報的義務。

　　上面所提到的租稅天堂（Tax Haven），又稱租稅避風港或避稅天堂，為了吸引外國投資人到當地成立公司，因此提供投資人免稅、低稅或其他特殊租稅優惠的地區或是國家，知名租稅天堂地區有英屬維京群島（BVI）、薩摩亞及開曼群島等地。

重要名詞釐清，別再傻傻分不清楚

租稅避風港（Tax Haven）

　　如前面所提過，租稅避風港與租稅天堂指的都是 Tax Haven，雖然兩者同樣都是提供其他國家或地區的投資人提供免稅、低稅或其他特殊租稅優惠的地區或國家，但其實更正確的翻譯是前者（避風港，Haven），而非後者（天堂，Heaven），兩者經常被搞混，tax haven 才是正確的搭配用法，並無 tax heaven 的說法。

紙上公司（Paper Company）

　　一般我們談論到境外公司，經常會與「紙上公司」連想在一起，但其實這兩者沒有絕對關係。紙上公司指的是依照法令設立卻不在註冊地進行實質業務的公司，它們通常資本額極低，且沒有具體營運場所，維持營運的成本也極低。之所以設立這樣的紙上公司多數是為了財務、控制或是資訊保密上的考量，並非真的有心要去經營一間公司。只是一般來説，紙上公司大多會選擇設立在境外，所以才會容易將境外公司與紙上公司混為一談。因應國際反避税風潮，英屬開曼群島、英屬維京群島、百慕達、納閩島等均已訂定經濟實質法案，自 2019 年 1 月 1 日生效。受規範的境外公司若無法通過經濟實質性測試，或者未按規定提出聲明或辦理年度申報者，可能被處以台幣數十萬至數百萬元不等的罰鍰；情節嚴重者甚至可能遭註銷登記，申報人或公司負責人也會有罰鍰與刑責等連帶責任。

　　雖然許多富人或企業設立境外公司作為租税避風港，但新創企業選擇設立境外公司，更多時候不是出自避税考量，而是因為臺灣的工商法令限制及臺灣的税務環境風險高。投資條件書（Term Sheet）許多常見的投資條款，在臺灣存在適法性的疑慮，國際投資人會擔心出資後的權益無法保障。此外，新興科技或商業模式如何課税常面臨不確定性，税局人員可能見解不一或無法具體回應，但一旦形成統一見解後，便可能對企業補税加罰，因此不少新創企業，尤其是網路軟體新創公司，也會出於風險考量將公司設立於境外。在租税天堂陸續採行經濟實質立法後，新創公司對於投資架構規劃應有新的思維及因應調整。

常見境外註冊地

對於創業者來說，謹慎選擇公司註冊地是非常重要的。除了應考量當地的相關規定（如經濟實質規範等），不同的境外註冊地有不同的特點，在這裡針對幾個常見的境外註冊地做說明。

薩摩亞　塞席爾　英屬維京群島　英屬開曼群島　香港　新加坡　納閩島

境外公司組織規範簡易比較

地區	薩摩亞	塞席爾	英屬維京群島	英屬開曼群島	香港	新加坡	納閩島
中文名稱	○	○	○	○	○	✕	○
最低資本額	不限	不限	不限	USD 50,000	不限	不限	不限
周年申報	✕	○	○	○	○	✕	○
審計報告	✕	✕	✕	✕	○	○	○
所得稅率	0%	0%	0%	0%	16.5%	17%	3%
境外來源所得	免稅	免稅	免稅	免稅	免稅	免稅	免稅
要求具有經濟實質	✕	✕	○	○	—	—	○

國家／地區	簡介	特色與注意事項
薩摩亞 （Samoa）	位於太平洋南部紐西蘭和夏威夷之間，曾為臺灣的邦交國之一，是南太平洋上最具知名的境外公司註冊地	・對於跨國文書公認證較快速且便宜，更有利於跨國投資 ・當地就設有中國大使館和臺灣駐外代表處，能協助認證官方文件，相當便利 ・歐盟稅務不合作地區黑名單
塞席爾 （Seychelles）	位於非洲東方的印度洋上，由一百多個命名島嶼組成。2003 年重新制定特別執照《公司法》，設計另一種無異於塞席爾當地公司之特別執照（Companies Special License，簡稱CSL）	・塞席爾國際商業公司（IBC）公司之境外來源所得、境外財產之繼承、贈與或信託利潤完全免稅 ・與中國、比利時、南非等多國簽訂雙邊租稅協定，CSL 特別執照公司可享有雙邊租稅優惠協定 ・政府保護股東利益，不需要向政府機關公開最終受益人資料 ・維持成本低，每年只需繳交政府規費予當地政府、使用註冊地址及註冊代理人之費用
英屬維京群島 （BVI）	位於東加勒比海地區，是英國海外領土。主要的經濟收入是來自於旅遊業、金融和公司註冊服務業，是全世界境外公司註冊家數最多、最具代表性的地區	・英國與其他各國簽訂雙邊租稅協定均可延伸至 BVI ・國際知名度相當高，但同時形象不佳，因此在進行國際投資及控股，可能會被要求提供更多認證或報表 ・要求具有經濟實質

英屬開曼群島（Cayman）	位於加勒比海地區，由三個主要島嶼組成，現在是自治的英國屬地，同時也是全球上市公司最多的境外公司登記地區	· 可以在美國、香港、新加坡和臺灣等證券交易市場掛牌上市 · 董事資料需呈報公司註冊處，但不會供公眾查閱 · 要求具有經濟實質
香港（Hong Kong）	是中華人民共和國的特別行政區，曾受英國殖民統治，也是最大的離岸人民幣中心	· 金融環境極佳，資金流動不受外匯管制，可在臺灣或是世界各國開立帳戶 · 與中國簽有 CEPA，讓企業享有優惠待遇進入中國市場，並提供投資保護
新加坡（Singapore）	位於馬來半島的南端，也曾受英國殖民統治。為一個多元種族的移民國家，同時也是亞洲重要的金融、服務和航運中心	· 與全世界 40 多個國家簽有雙邊租稅協定、20 多國有投資保障協定，並享有關稅優惠 · 可以新加坡公司名義申請當地長期工作居留證 · 董事至少有一人為新加坡公民、新加坡永久居民或新加坡企業家創業准證持有者 · 設立及維護成本較高
納閩島（Labuan）	位於馬來西亞東部，是東南亞國協會員國之一。無外匯管制，可自由在馬來西亞當地開立境外銀行帳戶，並自由操作，該島已成為世界主要的境外金融中心之一	· 與中國大陸、美國和臺灣等 45 個國家簽有雙邊租稅協定，善加利用可大幅降低權利金、股利以及利息的預扣繳稅 · 並非完全免稅地區，若公司從事貿易活動，或持有資產所獲得的利得都需繳稅。可選擇支付固定稅額 MYR$20,000 或經過會計師簽證後，就財報的利潤課徵 3% 利得稅 · 要求具有經濟實質

如何成立境外公司？

　　創業者要設立一間境外公司並不需要親自至國外辦理，在臺灣即可辦理，但境外公司的註冊國政府並不直接面對一般外國申請人，而是經由政府授權之註冊代理人代為辦理登記，並代理政府收取境外公司的管理費與年費，及簽署文件等。設立申請者的直接聯繫窗口為秘書公司，由秘書公司與註冊代理人在各國的駐點處聯繫，再向政府登記，才能取得公司執照。

申請人　秘書公司　註冊代理人　境外註冊處　設立完成

　　在了解境外公司的基本設立流程後，接下來，再來帶大家一覽境外公司有什麼不可或缺的重要文件：

文件名稱	中文名稱
Certificate of Incorporation	公司執照
Register of Director	董事名冊
Register of Members	股東名冊
Memorandum and Articles of Association	章程
Certificate of Good Standing	存續證明
Certificate of Incumbency	董事職權證明

何謂 OBU ？它有什麼特別？

OBU（Offshore Banking Unit），為「境外金融中心」或「國際金融業務分行」，視同境外金融機構，是政府採取租稅減免或優惠措施，並減少外匯管制，以吸引國外法人或個人到本國銀行進行財務操作的金融單位。

目前「反洗錢」與「反避稅」已成為國際間的新浪潮，臺灣為落實洗錢防制及因應亞太洗錢防制組織（APG）的評鑑，從 2017 年開始金管會就要求所有銀行清查所有 OBU 客戶的身分與最終實質受益人，對於身分不明、洗錢風險過高或不配合調查的客戶，銀行有權停止交易，必要時甚至可以關閉帳戶，強化洗錢防治體系。

艾蜜莉小學堂

OBU 的小秘密

臺灣開放 OBU 帳戶原本是為了吸引更多的境外資金，但事實上，臺灣 OBU 七成以上的客戶都是臺商，一方面因為早年臺灣官方限定臺商投資大陸必須經由第三地，因此臺商只能透過設立境外公司進入大陸投資，另一方面以前 OBU 開戶的規定相較寬鬆，臺商將錢放在 OBU 帳戶中資金進出較自由，甚至用來規避稅負。

投資架構與反避稅制度

常見的投資架構及相關課稅規定

對本國公司及境外公司有初步的瞭解後，我們來看看如何搭配運用本國公司及境外公司來規劃投資架構。常見的投資架構有以下幾種情況：

（1）個人→國內公司
（2）個人→國內公司→國內公司
（3）個人→境外公司→國內子公司
（4）個人→境外公司→國內分公司

個人直接投資國內公司

首先，最基本架構的就是我國個人直接投資我國公司。若公司分派盈餘，要計入個人股東之綜合所得總額，依法課徵綜合所得稅；若公司未分派盈餘，個人股東不會有所得，但公司帳上有獲利卻未分配，公司會被課徵未分配盈餘稅。個人股東獲配股利的課稅規定和公司所要遵循的營利事業所得稅、最低稅負制、扣繳申報等規定，會在第六堂課「新創企業不可不知的稅務知識」做詳細的說明。

個人以國內控股公司間接投資國內公司

第二種情況，個人股東先投資國內公司做為控股公司，再轉投資其他實質營運的公司。與第一種情況不同的地方是，個人股東是以「公司」名

義間接投資,若實質營運的公司分派盈餘,是由控股公司獲配股利,個人股東不會被課徵綜合所得稅。

而且,我國《所得稅法》規定,我國公司投資國內其他公司所獲配的股利或盈餘,不計入所得課稅。換句話説,控股公司獲配的股利或盈餘不必課徵 20% 營利事業所得稅,若控股公司不分配至個人股東,僅需加徵 5% 未分配盈餘稅。簡言之,控股公司的存在可以讓大股東有延緩課稅或選擇在有利時點分配的節稅效用。

個人以境外公司間接投資國內子公司

有些人會選擇境外公司,而非境內的控股公司,來間接投資國內公司。除了工商法令及股權規劃的考量,也可能出自稅務層面的考量。如果個人股東改以境外公司投資國內公司,課稅規定又有哪些不同呢?

國內公司若分配盈餘,因為股東是境外公司,給付股利時國內公司要按 21% 稅率就源扣繳。境外公司分配盈餘給個人股東,該盈餘屬於海外所得。依最低稅負制規定,同一申報戶的海外所得達到 100 萬才要計入基本所得額,且最低稅負制有 670 萬的扣除額。如果境外公司保留盈餘在海外不分配,個人股東沒有所得稅,通常境外公司也無任何稅負。

以前綜合所得稅率最高達 45%,而外資股利所得扣繳稅率僅 20%,因此不少本國人化身「假外資」避稅。107 年全民稅改後,股利所得可採分開計稅適用 28% 稅率,同時外資股利所得扣繳稅率調高為 21%,已拉近內外資股利所得稅負差異。未來反避稅制度正式施行後,保留盈餘在海外也不再必然免稅。

個人以境外公司在國內設立分公司

最後，境外公司來臺投資，不一定是設立子公司，也可能是設立分公司。分公司與子公司的課稅規定，整理如下：

	子公司	分公司
營利事業所得稅	20%	
未分配盈餘稅	5%	無
盈餘匯回母（總）公司	21%	無

反避稅制度

近幾年我國政府因應國際間的反避稅風潮，陸續推出反避稅相關法規及辦法。若新創企業之投資架構有涉及境外公司，以下幾項反避稅的制度不可不知道。

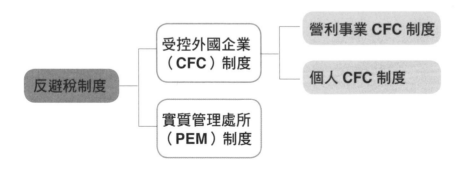

營利事業及個人受控外國企業（營利事業及個人 CFC）制度

我國企業因為生產或銷售等目的在海外設立公司時，因為稅務考量或因早期只允許透過第三地赴大陸投資，許多企業會選擇在租稅天堂設立境外控股公司，再由該境外公司持有實質營運的子公司股權。

在受控外國企業（Controlled Foreign Company；CFC）制度實施前，當實質營運的子公司（A 公司）分配盈餘給租稅天堂的控股公司（B 公司）時，如果將盈餘保留在租稅天堂不分配回我國個人或公司股東，我國政府便無法對該盈餘課稅。營利事業及個人 CFC 制度的誕生就是為了防堵這種情況，在符合 CFC 的條件下，海外盈餘不分配也可能視同分配課稅。

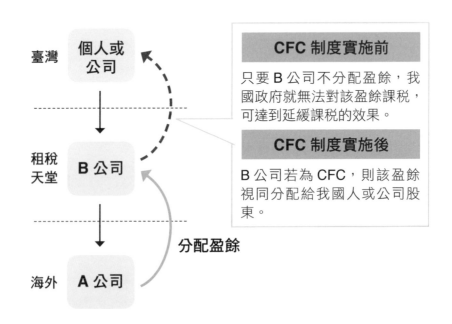

那麼，哪些境外公司會被認定為 CFC 呢？符合 CFC 定義，須滿足以下 2 項條件：

（1）位於低稅負國家或地區
（2）符合股權控制或實質控制要件

營利事業及個人 CFC 之定義	
位於低稅負國家或地區	符合下列情形之一即為低稅負國家或地區： 1. 該國家或地區稅率未超過我國營所稅稅率之 70%（以稅率 20% 計，門檻為 14%） 2. 該國家或地區僅就境內來源所得課稅，境外來源所得不課稅或於實際匯回始計入課稅
符合股權控制或實質控制要件	營利事業（個人）及其關係人對我國境外低稅負國家或地區之關係企業，有以下情況之一： 1. 營利事業（個人）及其關係人直接或間接持有境外公司合計達 50% 以上 2. 對境外公司具有重大影響力

為落實 CFC 制度精神（即抓虛放實）及兼顧徵納雙方成本（即抓大放小），符合以下條件之一者，得豁免適用 CFC 制度：

（1）CFC 有實質營運活動
（2）CFC 無實質營運但當年度盈餘單獨及合計數 ≦ 700 萬元

實際管理處所（PEM）制度

依《所得稅法》規定，我國營利事業須就境內外所得合併課稅，但許多境外公司的實際管理處所（Place of Effective Management；PEM）其實在我國境內，我國政府卻無課稅的權利。實質管理處所制度就是為了防堵這類避稅行為，將實質管理處所在我國境內的境外公司，視為總機構在我國境內之營利事業課稅，須依法辦理營利事業所得稅暫繳、結算、未分配盈餘、所得基本稅額申報並繳納稅款，還要履行扣繳義務等其他《所得稅法》及其他相關法律規定。

「實質管理處所在境內」須同時符合 3 項條件如下：

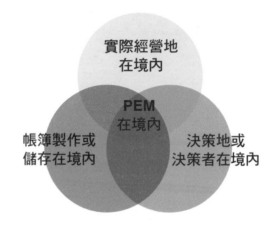

條件	說明
實際經營地在境內	在中華民國境內有實際執行主要經營活動
帳簿製作或儲存在境內	財務報表、會計帳簿紀錄、董事會議事錄或股東會議事錄之製作或儲存處所在中華民國境內
決策地或決策者在境內	符合以下情況之一： 1. 作成重大管理決策之處所在中華民國境內 2. 作成重大經營管理、財務管理及人事管理決策者為中華民國境內居住之個人或總機構在中華民國境內之營利事業

　　新創企業在境外設立公司，並由境外公司持有臺灣公司的股權，目的可能不是為了避稅，而是為了募資，利用境外地區較具彈性的法令設計股權架構或保護投資人的身分。由於該境外公司的主要營運活動可能仍在臺灣或是主要股東為臺灣人，此時就要注意是否會被認定為實質管理處所在境內，在稅法上視為我國境內公司，衍生出額外的稅務法令遵循成本及風險。

　　目前上述 CFC 與 PEM 制度皆尚未正式施行，財政部表示要視「兩岸租稅協協議之執行情形」、「國際間按共同申報準則（CRS）執行稅務用途金融帳戶資訊自動交換之狀況」，並完成「相關子法規之規劃及落實宣導」後才會決定正式施行日期。

艾蜜莉小學堂

共同申報準則（CRS）

《共同申報準則》（Common Reporting Standards；CRS）就是俗稱的「全球版肥咖條款」，是經濟合作暨發展組織（OECD）參考美國《外國帳戶稅收遵從法》（美國肥咖條款），在 2014 年 7 月所發布的跨政府協議，目的是透過建立各國政府自動取得其所在地金融帳戶持有人的資訊，並與帳戶持有人的稅務居住國進行資訊交換的機制，來防杜納稅義務人利用金融資訊保密特性將所得或財產隱匿於外國金融機構來避稅。

臺灣預計在 2019 年起實施 CRS，並在 2020 年首次與他國進行金融帳戶資訊交換。當國際間稅務資訊漸趨透明，便能強化 CFC 及 PEM 等反避稅措施執行成效。

留住好人才
談員工股權獎酬及
勞動法令須知

都說人才是國家的根本，企業不外乎如是……！

只想要留住好人才，重金禮聘或許是一招，但除了誘之以利，身為企業主或公司創辦人的你，是否還有更妥善的方法來吸引他們一起入夥打拚呢？

勞保、健保與勞退規定

勞工保險

什麼是勞工保險？

勞工保險（簡稱勞保），是在職保險，也就是有實際從事工作並領有薪水的勞工才能參加勞保。受勞保保障可以享有生育、傷病、失能、死亡、老年等普通事故保險的給付以及職業災害保險給付。公司企業主有必要知道如何遵循相關規定，創造安心的就業環境。

成立投保單位與投保方式說明

公司設立之後，是否一定要成立勞保投保單位呢？答案是不一定，原則上要視僱用員工人數而定。

勞工保險分為強制加保對象與自願加保對象兩類。強制加保對象，是指年齡在 15 歲以上，65 歲以下，在僱用員工人數 5 人以上的工廠、公司、行號上班的員工。自願加保對象，是指在僱用員工人數未滿 5 人的工廠、公司、行號及其他各業以外（例如：補習班）上班的員工。因此，當公司規模尚小，僱用員工人數未滿 5 人時，可選擇成立或不成立勞保投保單位。此外，公司剛成立，新公司僅負責人 1 人而未僱用員工時，依規定不得成立投保單位單獨為負責人辦理參加勞工保險。

是否成立勞保投保單位	
公司僅有負責人	不能成立勞保投保單位
公司員工數 ≦ 4 人	可選擇成立或不成立勞保投保單位
公司員工數 ≧ 5 人	必須成立勞保投保單位

因為負責人並非勞保的強制加保對象（自願加保），就算成立勞保投保單位也可以選擇不在公司加保勞保，但依規定必須加保國民年金（簡稱國保）。至於員工的部分，若公司有成立勞保投保單位，雇主應替員工加保勞保；若公司未成立勞保投保單位，員工依法應加保國民年金。無論公司是否成立勞保投保單位，公司依法都要替員工加保就業保險（簡稱就保），只是員工人數 5 人以上強制成立勞保投保單位的公司，不需要另外申請，勞保局會自動替符合資格者加保就業保險。

艾蜜莉小學堂

什麼是國民年金？

國民年金也是一種社會保險制度，主要納保對象是是年滿 25 歲、未滿 65 歲，在國內設有戶籍，而且沒有參加勞保、農保、公教保、軍保的國民，因此沒有投保勞保的負責人及員工（只有投保就業保險）就有可能要繳納國民年金，符合資格者勞保局會自動寄發繳款書。

什麼是就業保險？

就業保險主要目的是幫助非自願失業的勞工安定失業期間的生活，並給予提供職業訓練生活津貼，讓失業者加強工作技能同時也無後顧之憂，以利儘快重回職場。

以下兩種受雇者，只要年齡在 15 歲以上，65 歲以下都應該參加就業保險：

- 本國人。
- 依法依照法律規定在臺灣工作的外國人、大陸人或港澳地區人士的配偶。

負責人及員工投保勞保、國保、就保的相關規定，整理如下表：

負責人投保方式

	公司有成立勞保投保單位	公司未成立勞保投保單位
勞工保險	可選擇「在自己公司加保勞保 ❶」或「加保國民年金」	原則上無法加保
國民年金		應加保
就業保險	負責人不可加保	

❶ 負責人投保薪資應以投保薪資分級表最高一級申報（目前為 45,800 元），所得未達最高一級者，應檢附最近年度薪資所得扣繳憑單，及最近 3 個月薪資印領清冊（分列各項獎金、津貼等明細）或最近年度國稅局核發之營利事業所得稅核定通知書等影本供稽，若成立未滿 6 個月者得出具薪資切結書，但負責人投保薪資不得低於所屬員工申報之最高投保薪資適用之等級。

員工投保方式

	公司有成立勞保投保單位	公司未成立勞保投保單位
勞工保險	公司應替員工加保	原則上無法加保
國民年金	不可加保	應加保
就業保險	公司應替員工加保	

勞保保費的計算與繳納

原則上投保薪資越高，就要繳納越多保費。若企業主想評估聘任員工所要負擔的保費，可以利用勞保局所提供的「勞保、就保個人保險費試算」功能。

應繳保險費試算表

被保險人類別：

請選擇　　　　　　　　　　　　　　　　　▼

試算年度

108　　　　　　　　　　　　　　　　　　▼

普通事故保險費率

10%　　　　　　　　　　　　　　　　　　▼

適用職業災害費率　　　　　　　　或自行輸入費率（％）

| 請選擇　　　　　　　▼ |　| 請輸入費率（％）　　▼ |

身心障礙等級（度）

請選擇　　　　　　　　　　　　　　　　　▼

投保日數或投保日期請擇一使用：

依當月投保日數計算　依當月投保日期計算（可輸入多段期間）

投保日數（天）：　　　　　　　月投保薪資（元）：

| 請選擇　　　　　　　▼ |　| 請選擇　　　　　　　▼ |

試算　全部清除

　　保險費試算表中，「月投保薪資」與「適用職業災害費率」欄位如何填寫，通常較多疑問。關於月投保薪資，可至勞保局網站下載最新版的「勞工保險投保薪資分級表」，以「月薪資總額」找出相對應的「月投保

薪資」。至於各職業適用的職業災害費率,勞保局網站上也有公告「勞工保險職業災害保險適用行業別及費率表」,依照所屬行業對應的費率填入即可。將所有資訊填入後點選「試算」,便可得到試算的應繳保險費。假設試算年度為 108 年,月投保薪資為 28,800 元,適用職業災害費率為0.14%,應繳保險費的試算結果如下:

應繳保險費試算結果

1.「單位」應負擔保險費	費用
勞工保險普通事故保險費	2,016 元
勞工保險職業災害保險費	40 元
就業保險費	202 元
總計	2,258 元
2.「個人」應負擔保險費	費用
勞工保險普通事故保險費	576 元
勞工保險職業災害保險費	0 元
就業保險費	58 元
總計	634 元
3.「政府」負擔保險費	費用
勞工保險普通事故保險費	288 元
勞工保險職業災害保險費	0 元
就業保險費	28 元
總計	316 元

社會保險一般採勞、資、政三方負擔保險費的方式來減輕被保險人的負擔,因此保險費可分成「單位應負擔保險費」、「個人應負擔保險費」與「政府負擔保險費」。

當月的保險費，勞保局會於次月 25 日以前寄發繳款單，雇主要連同公司應負擔的保費與已代扣員工應負擔的保費，於次月底前一併繳納。例如 1 月份保險費，應於 2 月底前繳納。

全民健康保險

什麼是全民健康保險？

全民健康保險（簡稱健保），是具有強制性的社會保險。目前國人要負擔的健保費有「一般保費」與「補充保費」。多數國民都是健保的保險對象，依照身分類別來計算一般保費，若有特定所得則可能另須繳納補充保費。

健保	一般保費	補充保費
說明	健保的被保險人分為6類，各自有不同的投保金額認定方式及負擔比率，再據以計收一般保費。舉例來說： 第一類及第二類中的受僱者：以其「薪資所得」為投保金額 第一類及第二類中的雇主：以其「營利所得」為投保金額	投保單位當月給付薪資總額若超過員工投保金額，或保險對象 ❷ 有特定所得，則要依規定計收補充保費。特定所得如下： · 高額獎金 ❸ · 非所屬投保單位給付之薪資所得 · 執行業務收入 · 股利所得 · 利息所得 · 租金收入

❷ 除第 5 類低收入戶以外的保險對象。
❸ 所屬投保單位給付全年累計超過當月投保金額 4 倍部分的獎金。

成立投保單位與投保方式說明

公司設立後,原則上公司負責人應該成立健保投保單位,為自己、員工及眷屬加保。有別於勞保,如果員工在多家公司兼職,每一家公司都要為其加保勞保,健保及就保均是擇一加保即可。同一類具有二種以上被保險人資格者,應以主要工作之身分參加健保,主要工作之認定,應以被保險人日常實際從事有酬工作時間之長短為認定標準,如工作時長短相同時,以收入多寡認定。

換句話說,新創公司負責人若有其他正職工作,可在原正職工作的公司投保健保,不必因為兼職創業而改投健保在自己公司,但若負責人無其他工作,則必須投保在自己公司,不能選擇到區公所或職業工會投保。另外,公司聘用兼職計時人員從事短期性工作,如果每周工作時間達 12 小時,也須為其投保。同樣地,若員工具有多份兼職工作,得選擇工作時間較長或工作所得較高的投保單位投保。

一般保費的計算與繳納

雇主或員工若想要知道自己要負擔的健保費,可依據「月投保金額」,查詢「全民健康保險保險費負擔金額表」所對應的保險費負擔金額。雇主與員工適用不同的保險費負擔金額表,因為員工的健保費,除員工本人須負擔之外,公司也會負擔且有政府補助,但雇主的健保費則是由自己全額負擔。除了參照保險費負擔金額表,讀者也可使用健保局網站上所提供的「保險費線上試算」功能,來計算健保一般保費及補充保費。

雇主的健保費是以「營利所得」為投保金額。僱用員工人數未滿 5 人

之事業負責人，除自行舉證申報其投保金額者外，應按投保金額分級表最高一級申報。自行舉證申報之投保金額，最低不得低於公民營事業（機構）之受僱者的平均投保金額（目前為 34,800 元）及其所屬員工申報之最高投保金額。僱用員工人數 5 人以上之事業負責人，除自行舉證申報其投保金額者外，應按投保金額分級表最高一級申報。自行舉證申報之投保金額，最低不得低於勞工保險投保薪資分級表最高一級（目前為 45,800 元）及其所屬員工申報之最高投保金額。

投保單位或被保險人當月之保險費，健保署會於次月底前寄發繳款單予投保單位或被保險人繳納。若於月底仍未收到上月份之繳款單時，應於 15 日內通知所屬健保署各分區業務組補寄，並依補寄之繳款單限期繳款。

補充保費的計算與繳納

為了擴大保險費基及兼顧公平性，「二代健保」實施後，健保費除了以經常性薪資對照投保金額所計算出的「一般保費」之外，還再加上「補充保費」。「個人」有特定所得或收入並達給付門檻時，必須計收補充保費。此外，「投保單位」（公司）當月給付薪資總額若超過員工投保金額，也需要繳納補充保費。目前補充保費的費率為 1.91%，繳納時限為給付日的次月底。

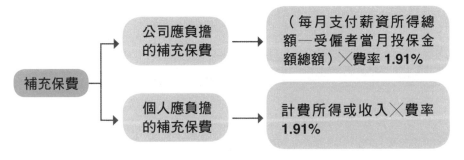

當公司給付個人以下幾種所得並超過一定金額時，須留意是否要代扣補充保費，並製作補充保費繳款書代繳保費並申報。

計費項目	下限	上限	說明
未列入投保薪資總額計算的獎金	全年累計超出當月投保金額 4 倍部分	超過的部份單次以 1,000 萬元為限	如年終獎金、三節禮金、紅利等
兼職薪資所得	單次給付金額達基本工資	單次給付以 1,000 萬元為限	給付非在公司投保健保的兼職人員薪資所得
股利所得	以雇主或自營業主身分投保者：單次給付金額超過已投保金額的部份達 20,000 元 非以雇主或自營業主身分投保者：單次給付金額達 20,000 元	以雇主或自營業主身分投保者：超過的部份單次以 1,000 萬元為限 非以雇主或自營業主身分投保者：單次給付以 1,000 萬元為限	給付股東的股利金額
執行業務收入			給付個人的執行業務收入總額
利息所得	單次給付金額達 20,000 元	單次給付以 1,000 萬元為限	給付公債、公司債、金融債券、各種短期票券、存款及其他貸出款項的利息
租金收入			給付個人的租金總額

舉例來說：公司之辦公室租金為每月 30,000 元，2 月 5 日給付 2 月份租金給個人房東時，公司應代扣補充保費 573 元（30,000 元 ×1.91%），並於 3 月 31 日前繳納補充保費。

勞工退休金

什麼是勞工退休金？

勞工退休金是指勞工退休時，雇主依法要給與勞工的退休金，其中分為「勞退舊制」和「勞退新制」。《勞工退休金條例》（勞退新制）於 94 年 7 月 1 日施行，由於新制實施以後初次就業者就不再適用舊制，而且在 99 年以前適用舊制者仍可選擇轉換為新制，適用舊制者已逐漸減少，目前新創企業的受雇者適用新制，因此在此僅說明新制的規定。

勞工退休金之提繳

依據《勞工退休金條例》，雇主應為適用《勞基法》之勞工（含本國籍、外籍配偶、陸港澳地區配偶、永久居留之外國專業人才），按月提繳不低於其每月工資 6% 的勞工退休金，儲存於勞保局設立的「勞工退休金個人專戶」。勞工自己也可以在每月工資 6% 範圍內，個人自願另行提繳退休金，勞工個人自願提繳部分，可自當年度個人綜合所得總額中全數扣除。

雇主當月份應提繳及代收個人自願提繳的勞工退休金，勞保局會在次

月 25 日前寄送的繳款單給公司，雇主應於再次月底前繳納。例如：9 月份應繳之勞工退休金，勞保局於 10 月 25 日前完成計算並寄發繳款單，公司最晚要在 11 月 30 日前繳納。

艾蜜莉小學堂

部分工時人員及短期工作人員的勞退提繳工資應如何申報？

部分工時人員通常全月都是在職狀態，計算方式就與一般情況相同，雇主應以全月薪資所對應的級距，依照「勞工退休金月提繳工資分級表」的等級金額來計算提繳金額。

而短期工作人員指未全月在職的員工，其月提繳工資應按日薪乘 30 天換算為月薪資，再依「勞工退休金月提繳工資分級表」的等級金額申報，再按申報提繳日數計收勞工退休金。例如：某員工 9 月 1 日到職，並於 9 月 6 日離職，日薪為 1,000 元，換算後的月薪所對應的等級金額是 30,300 元，則雇主應提繳退休金為 364 元【30,300 元 ÷30 日 ×6 日 ×6%（雇主提繳率）】。

員工股權獎酬

員工股權獎酬簡介

　　如何激勵員工，並使員工績效表現與公司績效表現連結，是人力資源管理的重要課題。新創企業通常資金有限，可能無法提供具競爭力的薪資待遇，如何透過各項股權獎酬工具來補償員工，並使公司與員工有一致性的目標，是新創企業必修的一門課。

　　員工股權獎酬，讓員工也能取得公司股份，如果公司持續成長，員工不但能夠穩定地獲配股利，甚至可能因為持有的股份增值，進而晉升為億萬富翁。常見的員工股權獎酬有以下幾種：

1	技術作價入股（技術股）	以技術等無形資產作價抵繳股款取得股份
2	勞務出資入股（勞務股）	以勞務抵繳股款取得股份
3	員工酬勞	公司在章程明訂，以當年度獲利狀況之定額或比率，分派員工酬勞
4	員工現金增資認股	公司發行新股時，保留發行新股總數 10% 到 15% 由員工承購
5	買回庫藏股轉讓員工	公司出資收買自家股票於 3 年內轉讓給員工
6	員工認股權憑證	公司與員工訂約並發給員工認股權憑證，員工達成約定條件後可認購股份
7	限制員工權利新股（限制型股票）	公司為員工發行新股，並約定服務條件或績效條件等既得條件，員工達成既得條件前，其股份之權利受到限制

技術作價入股（技術股）

　　公司設立或增資時，股東多半以現金出資，但其實除現金外，也可用債權、財產或技術來抵充。技術作價入股，就是以技術等無形資產作價抵繳股款取得股份。

　　科技新創公司的團隊成員許多是技術出身，當公司成立後，股東擁有的智慧財產權可能需要讓與或授權給公司使用，此時股東可以技術作價取得等值的股份。技術股的發行最常見於科技業，例如生技業、電子業等仰賴專利權做為競爭優勢的產業。技術可以抵充多少股款，必須經過專業鑑價，再經董事會決議通過。公司與技術股股東間，可以另行簽訂技術作價入股協議書，確認技術範圍、股份比例等權利義務關係。

　　原則上，技術股股東於「取得」技術作價入股的股份時，技術抵繳股款的金額與成本之間的差額，須計入技術股股東當年度的「財產交易所得」，課徵綜合所得稅。若無法提示相關成本及費用憑證，得以作價金額之30%為成本率推計課稅。若技術作價入股符合《產業創新條例》、《中小企業發展條例》或《生技新藥產業發展條例》的技術作價入股緩課所得稅規定，得免計入取得股份當年度的財產交易所得。相關租稅優惠介紹，詳見第七章「少繳稅的小撇步─新創企業不可不知的租稅優惠」。

　　技術股股東未來「出售」股票時，也會產生所得。若公司發行經簽證的股票，出售股票獲利之所得為證券交易所得，目前停徵；反之，出售股權獲利之所得為財產交易所得，應併入個人綜合所得總額，課徵綜合所得稅。

技術作價入股的優點是公司可節約現金，以發行股票的方式取得公司發展所需的技術。同時，技術作價抵繳股款的股數並無法令限制，且公司在無盈餘時仍可發行。相對地，技術作價入股的缺點是抵繳股款金額越高，未來公司攤提的費用越高，稀釋公司未來獲利。此外，以技術股股東的角度而言，技術作價入股可能導致尚無現金收入，就必須繳納個人所得稅的現象。

勞務出資入股（勞務股）

技術作價入股雖然讓擁有技術的員工，得以技術讓與或授權給公司來取得股權。但實務上，多數新創公司及其創辦團隊可能不具有專利權等智慧財產權可供鑑價，或其核心競爭力並非仰賴專利權。許多新創企業主期望給予公司核心研發人員技術股做為激勵及留才措施，但企業主認知的「技術股」，卻多半不符合法令上技術作價入股的條件。

勞務出資是「閉鎖性股份有限公司」特有的出資方式。勞務出資入股，不須鑑價，且提供勞務的內容基本上沒有限制。相較於技術作價入股，勞務出資入股更具彈性，且幾乎可適用於各種產業類型的新創企業。由於勞務出資入股，會造成其他現金出資股東的股權稀釋，因此應取得全體股東同意。

以勞務出資取得的股權，屬《所得稅法》規定的「其他所得」。若股票未限制一定期間不得轉讓，以「取得股權當天」的股票價值為所得，即

公司章程所載明勞務所抵充之金額；但若有規定於一定期間內不得轉讓，即以「限制期間屆滿隔天」的可處分日每股「時價」計算所得。換句話說，若股權於一定期間內不得轉讓，則員工可於一定期間後再認列個人所得。

若想為員工做好勞務出資稅務規劃，於設定轉讓期間時，可同時考量其企業生命週期。新創企業生命週期通常於前幾年虧損，故公司淨值會降低，當企業度過死亡之谷，邁入快速成長並盈利時，公司淨值會提昇。若新創公司一飛沖天，幾年後公司的淨值翻漲了好幾倍，勞務出資的股東課稅所得也將隨著時間不斷增加。理想上，最佳的轉讓限制期間為至公司損益平衡點。此外，公司也可以選擇設多個不同的轉讓期間限制，亦可有效降低勞務出資的個人所得稅負。

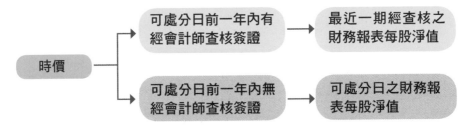

勞務股之時價

時價

可處分日前一年內有經會計師查核簽證 → 最近一期經查核之財務報表每股淨值

可處分日前一年內無經會計師查核簽證 → 可處分日之財務報表每股淨值

員工酬勞

依《公司法》第 235 條之 1 第 1 項規定：「公司應於章程訂明以當年度獲利狀況之定額或比率，分派員工酬勞。但公司尚有累積虧損時，應予彌補。」當年度獲利狀況，並非指公司的稅前淨利，而是稅前淨利扣除

員工酬勞及董監酬勞前的金額。

員工酬勞，得以股票（新股或庫藏股）或現金發放，應由董事會以董事 2／3 以上之出席及出席董事過半數同意之決議，並報告股東會。董事會特別決議之內容除發放方式（股票或現金）外，還應包括數額（總金額）及股數。若決議發放股票，得在同一次決議以「發行新股」或「買回庫藏股」來發放。非公開發行股票公司，其發行價格及股數之計算，應以前一年度財務報表之淨值作為計算基礎。原則上，員工酬勞發放的對象應為公司員工，但章程得訂明包括符合一定條件之控制或從屬公司員工。

艾蜜莉小學堂

關係企業：控制公司與從屬公司

1. 公司持有他公司有表決權之股份或出資額，超過他公司已發行有表決權之股份總數或資本總額半數者為控制公司，該他公司為從屬公司。

2. 公司直接或間接控制他公司之人事、財務或業務經營者亦為控制公司，該他公司為從屬公司。

3. 有下列情形之一者，推定為有控制與從屬關係：

   （1）公司與他公司之執行業務股東或董事有半數以上相同者。

   （2）公司與他公司之已發行有表決權之股份總數或資本總額有半數以上為相同之股東持有或出資者。

（依《公司法》第 369-2 條、第 369-3 條）

員工酬勞相關規定

章程訂定	當年度獲利狀況之定額或比率，有以下幾種訂定方式： 1. 固定數額（例如：10 萬元） 2. 固定比率（例如：2%） 3. 一定區間比率（例如：2% 至 10%） 4. 比率下限（例如：2% 以上或、不低於 2%）
發放形式	1. 有限公司僅可發放現金，股份有限公司得以現金或股票方式發放 2. 若決議發放股票，得在同一次決議以「發行新股」或「庫藏股」進行
決策機制	董事會特別決議，並報告股東會
酬勞對象	1. 公司員工 2. 章程得訂明包括符合一定條件之控制或從屬公司員工

　　對員工而言，領到員工酬勞屬於個人「薪資所得」，領取現金時以發放金額計稅，若領到股票則要以交付股票日之「時價」計稅。原則上，員工應於「取得」員工酬勞時計入當年度的「薪資所得」，課徵綜合所得稅。若符合《產業創新條例》的獎酬員工股份基礎給付緩課所得稅規定，得免計入取得股份當年度的薪資所得。相關租稅優惠介紹，詳見第七章「少繳稅的小撇步—新創企業不可不知的租稅優惠」。

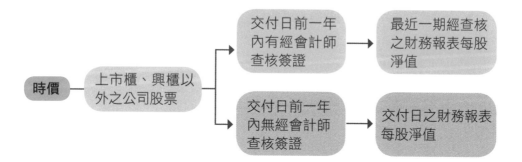

員工股票酬勞之時價

員工未來「出售」股票時，也會產生所得。若公司發行經簽證的股票，出售股票獲利之所得為證券交易所得，目前停徵；反之，出售股權獲利之所得為財產交易所得，應併入個人綜合所得總額，課徵綜合所得稅。

員工股票酬勞的優點是較具彈性，公司得以發行新股或買回庫藏股來發放，且可僅給付給特定員工；對員工而言，不必支付額外對價即可取得公司股份。員工股票酬勞的缺點是公司無盈餘或尚有累積虧損時不得發放，新創公司營運初期通常無法適用。此外，公司不得限制員工轉讓或收回，獎酬無法與未來績效連結，且員工可能拿到股票後轉讓離職，留才效果較差。

員工現金增資認股

依《公司法》第 267 條第 1 項規定：「公司發行新股時，除經目的事業中央主管機關專案核定者外，應保留發行新股總數 10% ～ 15% 之股

份由公司員工承購。」章程可訂明承購股份之員工包括符合一定條件之控制或從屬公司員工。公司對員工承購之股份，可限制在一定期間內不得轉讓，最長 2 年。

發行新股需經董事會特別決議，核准現金增資認購價格及股數後，徵詢員工認購意願，參與認股之員工於繳款截止日前完成繳納股款。

員工現金增資認購的股票，若可處分日「時價」超過認購價格，則差額部分應計入可處分年度個人「其他所得」課稅。若符合《產業創新條例》的獎酬員工股份基礎給付緩課所得稅規定，得免計入可處分年度的其他所得。相關租稅優惠介紹，詳見第七章「少繳稅的小撇步—新創企業不可不知的租稅優惠」。員工未來「出售」股票時，也會產生所得，視公司是否發行經簽證的股票，計入個人證券交易所得或財產交易所得。

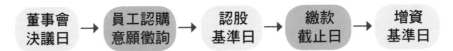

員工現金增資認股的優點是新創公司初期仍處虧損的情況下仍可執行，並可限制員工於 2 年內不得轉讓持股。同時，公司有現金流入，可充實公司營運資金。員工現金增資認股的缺點是員工必須自掏腰包，且認購價格與同次增資股東相同，較無誘因。企業在上市櫃前讓員工認股最具激勵效果。

閉鎖性股份有限公司發行新股，不適用《公司法》第 267 條規定。因此，閉鎖性股份有限公司並無義務給與員工優先承購權，但閉鎖性股份有限公司仍可以章程訂明給與員工優先承購權，或讓員工以「非員工身分」認購新股，並搭配閉鎖性股份有限公司的轉讓限制，達到類似的留才效果。

買回庫藏股轉讓員工

依《公司法》第 167 條之 1 規定，公司經董事會特別決議，得以公司自有資金買回發行在外的股份，以約定的價格轉讓予員工。在此所稱「員工」，得經章程明訂，包括符合一定條件之控制或從屬公司員工。公司買回庫藏股轉讓員工，可限制員工在一定期間內不得轉讓股份，最長不得超過 2 年。

買回庫藏股，應留意以下幾項限制，其中金額限制的規定，對於尚未獲利的新創公司來說，大為減少採用庫藏股作為激勵工具的機會。

買回庫藏股之限制	
股數限制	收買股份，不得超過已發行股份總數的 5%
金額限制	收買股份之總金額，不得超過保留盈餘加已實現之資本公積之金額
時間限制	收買之股份，應於 3 年內轉讓於員工；屆期未轉讓者，視為公司未發行股份
權利限制	收買之股份，不得享有股東權利

買回庫藏股轉讓給員工的股票，若可處分日「時價」超過認購價格，則差額部分應計入可處分年度個人「其他所得」課稅。若符合《產業創新條例》的獎酬員工股份基礎給付緩課所得稅規定，得免計入可處分年度的其他所得。相關租稅優惠介紹，詳見第七章「少繳稅的小撇步—新創企業不可不知的租稅優惠」。員工未來「出售」股票時，也會產生所得，視公司是否發行經簽證的股票，計入個人證券交易所得或財產交易所得。

買回庫藏股轉讓給員工的優點是員工可以低於公司買回的成本認購股票，不像現金增資的認購價格必須與同次增資股東相同，站在公司立場，公司可限制員工於 2 年內不得轉讓持股。買回庫藏股轉讓給員工的缺點是公司必須準備一筆資金，用以買回庫藏股。

員工認股權憑證

員工認股權憑證是非常受歡迎的股權獎酬工具。依《公司法》第 167 之 2 規定，公司經董事會特別決議後與全職員工簽訂認股權契約，訂約後由公司發給員工認股權憑證，約定於一定期間內，員工得依約定價格認購特定數量之公司股份。章程得訂明員工認股權憑證發給對象包括符合一定條件之控制或從屬公司員工。員工取得認股權憑證，除因繼承外，不得轉讓。

實務上約定價格通常相當於或低於認股權憑證發行日之股票價值，若之後公司之成長反應於股價上，員工便可以較低價格認購較高價值的股

票，賺取價差。發行員工認股權憑證，可使公司與員工利益一致，不但可激勵員工提升公司績效，若員工中途離職，可能須放棄認股權利，藉此吸引優秀員工長期留任。

公司發行員工認股權憑證，應瞭解以下幾個重要時點：

1	給與日（Grant date）	公司與員工雙方同意股份基礎給付協議之日（簽訂契約日）
2	既得日（Vesting date）	員工達成協議條件，可行使權利認購公司股權之日
3	執行日（Exercise date）	員工執行認股權來認購公司股份之日
4	處分日（Sale date）	員工出售公司股票之日
5	憑證逾期失效日（Expiration date）	認股權利失效之日，超過此日，員工不得行使該認股權利

員工在取得認股權時不須課稅，在「執行認股權時」才須課稅，按執行日股票之「時價」超過員工認股價格之差額部分，計入執行年度員工之「其他所得」。若符合《產業創新條例》的獎酬員工股份基礎給付緩課所得稅規定，得免計入執行年度的其他所得。相關租稅優惠介紹，詳見第七章「少繳稅的小撇步—新創企業不可不知的租稅優惠」。員工未來「出售」股票時，也會產生所得，視公司是否發行經簽證的股票，計入個人證券交易所得或財產交易所得。

員工認股權憑證的優點是新創公司初期仍處虧損的情況仍可執行，且可只與特定員工簽訂認股權契約，透過認股條件的設計，約定員工在達成

特定服務年資或績效指標等條件時，才可行使認股權。員工認股權憑證的缺點是員工必須自掏腰包以約定價格認購，若公司營運前景不佳，公司股價低於約定價格時，難以產生激勵效果。

限制員工權利新股（限制型股票）

限制員工權利新股是公司以無償或優惠價格發給員工新股，但股份附有服務條件或績效條件等既得條件，員工於既得條件達成前，其股份之權利受有限制。公司可依自身需求設計受限制的股票權利，例如限制股票不得轉讓之期間、不得參與表決權、不得參與配股、配息等。實務上，限制員工權利新股發行後會立即交付信託，若員工達成既得條件，受託銀行返還股票給員工；若員工提前離職或未達成既得條件，公司可依發行辦法之規定無償收回或有償買回股票辦理註銷。

公司發行限制員工權利新股，應有代表已發行股份總數 2 ／ 3 以上股東出席之股東會，以出席股東表決權過半數之同意行之。本公司員工外，章程得訂明發行限制員工權利新股之對象，包括符合一定條件之控制或從屬公司員工。

員工在取得新股時不須課稅，在「既得條件達成時」才須課稅，按既得條件達成之日為可處分日，股票之「時價」超過員工認股價格之差額部分，計入既得條件達成年度員工之「其他所得」。若符合《產業創新條例》的獎酬員工股份基礎給付緩課所得稅規定，得免計入既得條件達成年度的

其他所得。相關租稅優惠介紹，詳見第七章「少繳稅的小撇步—新創企業不可不知的租稅優惠」。員工未來「出售」股票時，也會產生所得，視公司是否發行經簽證的股票，計入個人證券交易所得或財產交易所得。

　　限制員工權利新股的優點是新創公司初期仍處虧損的情況下仍可發行，且發行價格不受面額限制，並可無償發給員工，對員工的獎勵效果較大。公司可以只與特定員工簽訂限制員工權利新股契約，透過既得條件之設計，使給與基礎與員工績效相連結，獲配股票之員工於既得期間仍可享有表決權、配股配息之權利，使員工把公司的未來視為自己的責任，達到企業留才的目的。若員工未達成特定服務年資或績效指標等條件時，公司也可收回或買回股票。限制員工權利新股的缺點是，發行必須經股東會特別決議，且不可以臨時動議提出。

員工股權獎酬工具之彙總比較

　　《公司法》在 107 年修正後，員工酬勞、員工現金增資認股、買回庫藏股轉讓員工、員工認股權憑證、限制員工權利新股等股權獎酬工具的發放對象，除本公司員工外，亦可擴及控制或從屬公司員工。為營造有利企業留攬人才之租稅環境，財政部於 107 年 12 月 28 日核釋，公司為獎勵及酬勞從屬公司員工，上述五種股權獎酬工具獎酬其從屬公司員工者，該從屬公司依財務會計規定，衡量自其員工取得勞務並於既得期間內認列之費用，於申報營利事業所得稅時，得列報為從屬公司之薪資支出。

上述股權獎酬工具各有不同特色及優缺點,公司應視自身情況,選擇適合的工具。例如,公司需有盈餘才能發放員工酬勞或買回庫藏股轉讓員工,尚處虧損的新創公司就不太適合;若期望透過給予股份彌補員工較原工作少領的薪資,則應排除員工現金增資認股,因為員工認購價格與同次增資股東相同,並無任何彌補;若公司期望員工獎酬能與未來績效緊密連結,可考慮員工認股權憑證或限制員工權利新股,透過既得條件的設計來達成。最後,附上員工股權獎酬工具之彙總比較,使讀者能快速掌握其重點及差異。

	技術作價入股	勞務出資入股	員工股票酬勞	員工現金增資認股
《公司法》法源依據	第 99-1 條、第 131 條	第 356-3 條	第 235-1 條	第 267 條
適用公司	有限公司及股份有限公司	閉鎖性股份有限公司	股份有限公司	
決策層級	董事會決議	全體股東同意	董事會特別決議，並報告股東會	董事會特別決議發放新股
發放對象	具技術並經鑑價者	提供勞務者	本公司員工及	
可否特定獎酬對象	可			不可
股票來源	發行新股		發行新股或買回庫藏股	發行新股
無盈餘能否發行／發放	可發行		不得發放	可發行
員工是否出資	技術讓予或授權予公司	勞務出資	不需出資	支付認購價款
轉讓限制	不得限制	得限制	不得限制	得限制 2 年內
所得類別	財產交易所得	其他所得	薪資所得	
所得計算	技術抵繳股款的金額與成本之間的差額，或作價金額的 70%	以勞務抵充出資取得之股權價值	取得股權日股票時價	可處分日股票時價
所得認列時點	取得股權日	可處分日	取得股權日	可處分日
緩課所得稅規定	《產業創新條例》、《中小企業發展條例》或《生技新藥產業發展條例》─技術作價入股緩課所得稅	一定期間內不得轉讓者，於可處分日課稅		

買回庫藏股轉讓員工	員工認股權憑證	限制員工權利新股
第 167-1 條	第 167-2 條	第 267 條
		非閉鎖性股份有限公司
	董事會特別決議	股東會特別決議（不得以臨時動議提出）
符合一定條件之控制或從屬公司員工		
可		
買回庫藏股	發行新股或買回庫藏股	發行新股
不得買回庫藏股	可發行	
支付轉讓價款	支付行使價款	不需出資，或支付認購價款
不得轉讓	認股權不得轉讓；行使後取得之股票不得限制（庫藏股例外）；公開發行公司需限制員工 2 年內不得行使認股權	既得期間可限制轉讓
其他所得		
超過認購價格之差額	執行日股票時價超過認購價格之差額	既得條件達成日股票時價超過認購價格之差額
可處分日	執行權利日	既得條件達成日
《產業創新條例》—獎酬員工股份基礎給付緩課所得稅		

	技術作價入股	勞務出資入股	員工股票酬勞	員工現金增資認股
優點	・公司無盈餘時仍可發放 ・公司不必出資取得技術 ・技術作價抵繳股款的股數無法令限制	・公司無盈餘時仍可發放 ・勞務不須鑑價，且勞務內容無限制	・公司得以發行新股或買回庫藏股來發放 ・員工不須支付額外對價即可取得公司股份	・公司無盈餘時仍可發放 ・得限制 2 年內不得轉讓
缺點	・攤提費用稀釋未來獲利	・需經全體股東同意 ・僅閉鎖性股份有限公司適用	・公司無盈餘不得發放 ・獎酬無法與未來績效連結 ・不得限制轉讓	・員工必須自掏腰包 ・獎酬無法與未來績效連結 ・認購價格與同次增資股東相同，對員工較無誘因

買回庫藏股轉讓員工	員工認股權憑證	限制員工權利新股
・員工可以低於公司買回的成本認購股票 ・得限制2年內不得轉讓	・公司無盈餘時仍可發放 ・公司得以發行新股或買回庫藏股來發放 ・透過既得條件的設計連結給予基礎與員工績效	・公司無盈餘時仍可發放 ・發行價格不受面額限制且可無償發放 ・透過既得條件的設計連結給予基礎與員工績效 ・員工於既得期間仍可享有配股配息權利
・公司無盈餘不得發行 ・員工必須自掏腰包 ・獎酬無法與未來績效連結 ・公司必須備妥資金，買回庫藏股	・員工必須自掏腰包 ・股價低於約定價格時，難以產生激勵效果	・需經股東會特別決議，且不可以臨時動議提出

如何找資金
創業募資面面觀

創業之初只有想法沒有任何成績,常有人戲稱這段時間大概只有 3F(朋友 Friend、家人 Family 和傻子 Fool)願意資助,但親朋好友畢竟資金有限,公司要取得壯大事業所需的資金,仍需仰賴外部資源。新創企業募資,可以從債權融資、股權融資、政府補助及群眾募資等四個面向著手。

- 經濟部中小企業處青年創業及啟動金貸款
- 勞動部微型創業鳳凰貸款
- 臺北市青年創業融資貸款
- 新北市政府幸福創業微利貸款

- 小型企業創新研發計畫（SBIR）
- SBIR 創業概念海選計畫
- 服務業創新研發計畫（SIIR）
- 臺北市產業發展獎勵補助計畫
- 臺北市補助創業團隊出國參與創業計畫
- 行政院國家發展基金創業天使投資方案

債權融資　政府補助及投資方案

股權融資　群眾募資

- 親朋好友
- 孵化器與加速器
- 天使投資人
- 創投、機構投資者

- 捐贈模式
- 回饋模式
- 預購模式
- 借貸模式
- 股權模式

債權融資

　　債權融資，是有償使用企業外部資金的一種融資方式，最常見的為銀行貸款。債權融資獲得的是資金的使用權而不是所有權，且資金的使用是有成本的，即企業必須支付利息，並於到期時償還本金。在鼓勵創業的政策下，許多銀行都有配合提供創業貸款，常見的有「經濟部中小企業處青年創業及啟動金貸款」、「勞動部微型創業鳳凰貸款」、「臺北市青年創業融資貸款」及「新北市政府幸福創業微利貸款」等。

經濟部中小企業處青年創業及啟動金貸款

青年創業及啟動金貸款，是在 103 年 1 月 1 日由原「青年創業貸款」及「青年築夢創業啟動金貸款」整併而成，希望能為申請貸款不易的青年找到創業的第一桶金。

新創事業負責人、出資人或事業體，如符合下列條件，得以個人或事業體名義，擇一提出申貸，如事業體負責人為外國人，應以事業體名義申貸：

經濟部中小企業處青年創業及啟動金貸款申貸條件	
個人條件	1. 負責人或出資人於中華民國設有戶籍、年滿 20 歲至 45 歲之國民
	2. 負責人或出資人 3 年內受過政府認可之單位開辦創業輔導相關課程至少 20 小時或取得 2 學分證明者
	3. 負責人或出資人登記之出資額應占該事業體實收資本額 20% 以上，屬立案事業無出資額登記者不受此限
事業體條件	1. 所經營事業依法辦理公司、商業登記或立案之事業
	2. 其原始設立登記或立案未超過 5 年
	3. 以事業體申貸，負責人為外國人者，須年滿 20 歲至 45 歲，並應取得我國政府核發之創業家簽證；負責人為本國人者須符合個人條件前二項之規定

由上述條件就可以知道，正在準備創業但尚未依法辦理設立登記或立案者並不符合申貸資格，必須於事業設立後才能申貸。

青年創業及啟動金貸款的用途，限「準備金及開辦費用」、「週轉性支出」及「資本性支出」3 類，各有不同的貸款內容：

經濟部中小企業處青年創業及啟動金貸款內容			
	準備金及開辦費用	週轉性支出	資本性支出
貸款用途	營業準備所須之準備金及開辦費用。需在依法完成公司、商業登記或立案後 8 個月內提出申請	營業所需週轉性支出	為購置（建）或修繕廠房、營業場所、相關設施、營運所需機器、設備及軟體等所需之資本性支出
貸款額度上限	200 萬元	一般情況：300 萬元 經中小企業創新育成中心輔導：400 萬元	1,200 萬元
貸款期限	貸款期限最長 6 年，含寬限期最長 1 年		廠房、營業場所及相關設施：最長 15 年，含寬限期最長 3 年 機器、設備及軟體：最長 7 年，含寬限期最長 2 年
貸款利率	以郵政二年期定期儲金機動利率加 0.575% 機動計息（貸款利率現為 1.67%）		
承辦金融機構	臺銀、合庫、土銀、中小企銀、一銀、彰銀、華南、兆豐、玉山、上海商銀、永豐、日盛、新光、花蓮二信等 14 家金融機構		

勞動部微型創業鳳凰貸款

勞動部希望協助有心創業的婦女、中高齡民眾及離島居民創業成功，提供創業貸款利息補貼、創業陪伴服務及融資信用保證專案。微型創業鳳凰貸款應以事業登記負責人名義提出申請，且申請人應有實際經營該事業之事實，及未同時經營其他事業。

微型創業鳳凰貸款的申貸條件，整理如下：

勞動部微型創業鳳凰貸款申貸條件	
身分及年齡	適用對象為以下三者之一： 1. 年滿 20 歲至 65 歲婦女 2. 年滿 45 歲至 65 歲國民 3. 年滿 20 歲至 65 歲，且設籍於離島之居民
研習及輔導	申請人 3 年內曾參與政府創業研習課程至少 18 小時，並經創業諮詢輔導
新創微型事業	所經營事業員工數（不含負責人）未滿 5 人，並具有以下條件之一： 1. 所經營事業符合《商業登記法》第 5 條規定得免辦理登記之小規模商業 ❶，並辦有稅籍登記未超過 5 年 2. 所經營事業依法辦理公司設立登記或商業設立登記未超過 5 年 3. 所經營私立幼稚園、托育機構或短期補習班，依法辦理設立登記未超過 5 年

❶ 依規定免辦理登記之小規模商業是指：（1）每月銷售額未達營業稅起徵點者（參考「小規模營業人營業稅起徵點」依行業別不同而有兩種起徵點，如買賣業、製造業、一般飲食業等起徵點為 8 萬，勞務承攬業、設計業、廣告業等則為 4 萬）。（2）民宿經營者。（3）家庭手工業者。（4）家庭農、林、漁、牧業者。（5）攤販。

　　微型創業鳳凰貸款最大的特點是前 2 年利息由政府全額補貼，且免擔保人及擔保品。但應注意若創立之事業有停業、歇業或變更負責人，會停止利息補貼並追回溢領之補貼息。微型創業鳳凰貸款內容，整理如下：

勞動部微型創業鳳凰貸款內容	
貸款用途	以購置或租用廠房、營業場所、機器、設備或營運週轉金為限
貸款額度上限	依申請人創業計畫所需資金貸放，上限如下： 1. 一般情況：上限 100 萬元 2. 若辦有稅籍登記：上限 50 萬元
貸款期限	最長 7 年
貸款利率	以郵政 2 年期定期儲金機動利率加 0.575% 機動計息（貸款利率現為 1.67%）
利息補貼	貸款人每次貸款期間前 2 年免息
承辦金融機構	臺銀、土銀、中小企銀、合庫、彰銀、一銀、華南等 7 家銀行

臺北市青年創業融資貸款

　　臺北市政府為協助臺北市青年創業，促進就業並活絡經濟，推辦「臺北市青年創業融資貸款」，由獨資或合夥組織的負責人、公司或有限合夥的代表人提出申請。相較於中央政府所辦之創業貸款，臺北市青年創業融資貸款要求申請人須設籍臺北市 1 年以上，經營之事業也必須登記於臺北市。具體的申請資格如下：

（1）設籍臺北市 1 年以上，且年齡為 20 歲以上 45 歲以下之國民。

（2）3 年內曾參與政府創業輔導相關之課程達 20 小時以上。

（3）經營事業具備下列條件之一者：

· 符合《商業登記法》第 5 條規定得免辦理登記之小規模商業，在臺北市辦有稅籍登記未滿 5 年。

· 符合《中小企業認定標準》第 2 條規定之公司、商業及有限合夥，依法完成登記未滿 5 年且登記地址位於臺北市 ❷。

---

❷ 本標準所稱中小企業，指依法辦理公司登記或商業登記，並合於下列基準之事業：
（1）製造業、營造業、礦業及土石採取業實收資本額在新臺幣 8,000 萬元以下，或經常僱用員工數未滿 200 人者。
（2）除前款規定外之其他行業前一年營業額在新臺幣 1 億元以下，或經常僱用員工數未滿 100 人者。

臺北市青年創業融資貸款最大的特點，是貸款期間利息由臺北市政府產業發展局全額補貼，因此事業登記於臺北市之臺北市民應優先考慮申貸。臺北市青年創業融資貸款內容，整理如下：

臺北市青年創業融資貸款內容	
貸款用途	以購置廠房、營業場所、機器、設備或營運週轉金為限
貸款額度上限	一般情況：200 萬元
	曾參加經產業局認可之獲獎獎項申請人申貸：300 萬元
貸款期限	無擔保貸款：最長 5 年，含本金寬限期限最長 3 年
	有擔保貸款：擔保貸款期限最長為 7 年，含本金寬限期限最長 3 年
貸款利率	按郵政二年期定期儲金機動利率加年息 0.555% 機動計息（貸款利率現為 1.65%）
利息補貼	貸款期間利息由臺北市政府產業發展局全額補貼 ❸
承辦金融機構	臺北富邦銀行

❸ 停止利息補貼的情況有：（1）停業或歇業。（2）營業場所遷離臺北市。（3）變更負責人或法定代表人。（4）未按月攤還貸款本金。（5）貸放後，經與承貸金融機構調整期限與償還方式。

新北市政府幸福創業微利貸款

新北市政府為協助新北市弱勢民眾能經由創業脫離貧困，以減少社會問題，亦有推出「新北市政府幸福創業微利貸款」。申請本貸款須同時符合下列資格：

（1）設籍新北市 4 個月（以上），且年齡為 20 歲以上 65 歲以下者。

（2）符合中低收入資格者。

（3）所營事業原始設立登記於新北市未超過 3 年且具有下列條件之一：

　　‧依法設立公司登記或商業登記者。

　　‧符合《商業登記法》第 5 條規定得免辦理登記之小規模商業，且有稅籍登記者。

　　‧依法設立登記私立幼兒園、托嬰中心或短期補習班。

（4）申請人不得擔任 2 家以上企業之負責人。

（5）再次申貸者，申請人戶籍地及所創所營事業或實際營業地仍須同時設於新北市，且不得擔任 2 家以上企業負責人。

較特別的是，本項貸款之申請人限符合「中低收入資格」者。此外，類似臺北市青年創業融資貸款之規定，亦要求申請人須設籍新北市 4 個月以上，經營之事業也必須登記於新北市。新北市政府幸福創業微利貸款須由所營事業登記負責人，參與實體創業研習課程（未創業者 6 小時；已創業者 21 小時）、創業諮詢輔導，並完成創業計畫書後，提出申請。本項貸款也有利息補貼，且貸款利率較低，符合資格的新北市民可優先考

慮申貸。新北市政府幸福創業微利貸款內容，整理如下：

新北市政府幸福創業微利貸款內容	
貸款用途	以購置廠房、營業場所、機器設備或作為營運週轉金等用途者為限
貸款額度上限	100 萬元
貸款期限	最長為 7 年，含寬限期 1 年
貸款利率	臺灣銀行定儲指數利率加計年息 0.5% 機動計息（貸款利率現為 1.589%）
利息補貼	前 3 年利息及第 4～7 年超過 2% 以上之利息由新北市政府補貼 ❹
承辦金融機構	臺灣銀行板橋分行

❹ 停止利息補貼的情況有：（1）戶籍遷出新北市者。（2）所創或所營事業變更登記或實際營業地點未在本市轄區。（3）所創或所營事業申請停、歇業者。（4）所營事業變更負責人。

創業貸款總結

　　由於政策性創業貸款的條件較優惠，建議有志創業者應即早瞭解相關規定並事先因應：

（1）提早參加創業輔導課程達到時數要求。

（2）申請地方政府提供之創業貸款，需留意設籍時間及公司登記地。

（3）檢核個人或配偶的信用狀況。經濟部中小企業處網站列出「常見金融機構不予核貸事項」，可作為檢核清單逐一確認。

（4）鎖定特定承貸銀行，集中和該銀行往來，更有機會取得優惠條件。

股權融資

　　股權融資，指企業的股東願意讓出部分企業所有權，透過企業增資引進新股東的融資方式。股權融資所獲得的資金，企業無須還本付息，但公司總股本會增加。原股東若未參與增資，持有股數雖不變，但持股比例會降低。

　　相較於債權融資的債權人可定期收取利息，並於到期時取回本金，考量的是債務人的清償能力，以事業總資產作為實現投資報酬的擔保。股權融資的投資人取得的是公司的部分所有權，持有股份的價值隨著公司經營好壞連動，在乎的是被投資事業的經營能力，以事業經營績效作為實現投資報酬的擔保，並以併購或 IPO 做為退場機制，賺取資本利得。

　　在新創企業融資週期中，不同階段可能適合不同的募資管道。事業初期尚未有產品或僅有產品雛型，尚未確立獲利模式或商業模式尚未經市場驗證，此時願意資助的若不是 3F（朋友 Friend、家人 Family 和傻子 Fool），可說是天使了！當新創公司的商業模式經市場驗證，在該領域具有一定知名度或用戶，需要大筆資金以將事業規模化或搶佔市占率時，就得仰賴創投提供事業擴展所需的銀彈及資金以外的資源。

新創企業融資週期

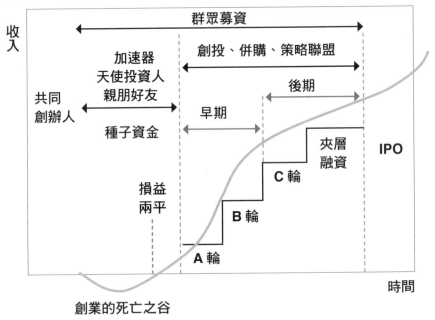

圖片出處：修改自 commons.wikimedia.org ／ wiki ／ File:Startup_Financing_Cycle.png

孵化器與加速器

　　孵化器或育成中心（Incubator）與加速器（Accelerator）都是在早期對新創事業進行輔導，為使新創事業有更好的機會取得創投資金。

　　孵化器主要在新創公司的早期階段協助「孵化」其顛覆性創意，使新創企業的創新概念能過渡到現實，成為可執行的商業模式。多數情況下，參與育成計畫的新創公司會搬遷至特定的育成空間，與孵化器中的其他新

創公司合作。孵化器提供商業、管理、會計、稅務、財務、法律等各項創業諮詢服務，藉此提高新創公司存活的機會。新創公司在孵化器內完善其創業構想、制定營運計劃、致力於產品市場契合（product-market-fit），並建立創業生態圈的人脈網絡。孵化器傳統上不對新創公司挹注資金，通常也不持有受輔導公司的股權。

加速器則著重「加速」新創公司的增長。相較孵化器通常進駐時間至少 1 年以上，加速器則是設定 3 到 6 個月短期計畫。新創企業透過加速器將已累積一定市場成績的產品建立快速規模化的能力，利用加速器所搭起的橋樑，接觸投資人、產業高階主管與潛在客戶，讓團隊獲得曝光的機會，提高被投資的機率。加速器通常為會對入選團隊提供一定程度的種子投資，以換取公司的股權，因此加速器在創業成功中承擔著更大的責任。

天使投資

天使投資人（Angel Investors）多為高資產人士（如企業主、高階經理人、連續創業家等），主要以自有資金參與新創公司創設初期的募資。天使投資人需要承擔極高的風險，因為早期新創公司存活率低，且股份可能在未來被稀釋，故天使投資人通常會分散投資，每筆投資的投入資金及持股占比不會太高。由於早期投資風險高，天使投資人期望較高的投資報酬率。

創投基金

創投（Venture Capital），顧名思義就是創業投資或稱風險投資，指的是對新創公司進行有風險的投資。當新創公司跨越死亡之谷，經市場驗證的商業模式需要規模化時，就需要仰賴創投基金。

創業投資的運作模式，主要包含創業投資基金、創業投資管理顧問公司（普通合夥人）、投資人（有限合夥人）與被投資公司。創業投資基金之存續期間通常為 7 年至 10 年。創投事業之有限合夥契約或公司組織章程訂有存續期間，有別於以永續經營為目的之商業組織。創業投資管理顧問公司（普通合夥人）則負責尋找開發案源、篩選投資機會及進行投資決策，每年向創投基金收取 1 ～ 3% 的管理費，並就投資收益參與 10 ～ 30% 的分紅。

創業投資基金在國外主要是以「有限合夥」組織型態成立，其合夥人可分為普通合夥人（General Partner；GP）及有限合夥人（Limited Partner；LP）。普通合夥人主要負責實際操作和運營，有限合夥人主要負責出資。為表示對基金管理的承諾，普通合夥人通常亦會出資 1 ～ 2%。創業投資基金在國內主要為「公司」組織型態成立，通常取名為「○○創業投資公司」，負責實際操作和運營的為另一間管理顧問公司，通常取名為「○○創業投資管理顧問公司」。

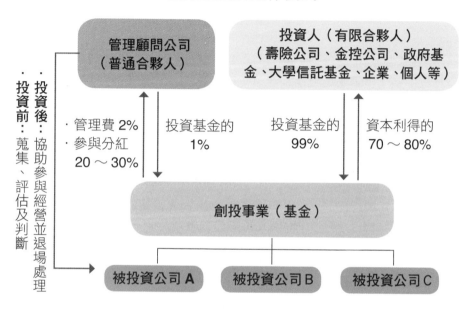

創業投資的運作模式

管理顧問公司
（普通合夥人）

投資人（有限合夥人）
（壽險公司、金控公司、政府基金、大學信託基金、企業、個人等）

·投資前：蒐集、評估及判斷

·投資後：協助參與經營並退場處理

·管理費 2%
·參與分紅
20 ～ 30%

投資基金的
1%

投資基金的
99%

資本利得的
70 ～ 80%

創投事業（基金）

被投資公司 A　　被投資公司 B　　被投資公司 C

政府補助及投資方案

以政府補助作為創業資金來源,最大的優點就是不像債權融資必須擔心還款問題,也不必如股權融資須稀釋股權。目前政府除了以補助方式資助新創事業外,亦與天使投資人共同投資,提供新創企業創立初期營運資金。本節將介紹以下 6 項常見的政府補助及投資方案。

1 小型企業創新研發計劃(SBIR)	對於發展創新技術或服務的中小企業給予補助,金額上限至少 100 萬元
2 SBIR 創新概念海選計劃	有創業概念即可,不必如「小型企業創新研發計劃」須有具體研發計劃
3 服務業創新研發計劃(SIIR)	鼓勵服務業者投入新服務商品、新經營模式或新商業應用技術之創新研發
4 臺北市產業發展獎勵補助計劃	補貼因投資所產生的費用,以及補助創業、研發、品牌建立、創新育成等計劃之經費
5 臺北市補助創業團隊出國參與創業計劃	補助臺北市新創企業到國外參與創業計劃的機票、學費等,每案最高補助 50 萬元
6 行政院國家發展基金「創業天使投資方案」	國發基金與天使投資人共同投資,提供新創企業創立初期營運資金

小型企業創新研發計畫（SBIR）

鑑於我國廣大中小企業普遍面臨缺乏技術、人才與資金的困境，經濟部自民國 88 年 2 月起，推動執行「小型企業創新研發計畫（原名：鼓勵中小企業開發新技術推動計畫），簡稱 SBIR，以鼓勵中小企業進行產業技術與產品之創新研究。除了「中央型」的 SBIR，經濟部自 96 年度起匡列經費使各縣市政府擁有更為充沛之經費辦理「地方產業創新研發推動計畫（地方型 SBIR）」，投入地方特色產業之研發。

原則上企業只需符合《中小企業認定標準》所稱之中小企業，即可申請中央型 SBIR。企業所提之研發計畫依屬性分為「創新技術」與「創新服務」，並依申請階段分為「先期研究／先期規劃」（Phase 1）、「研究開發／細部計畫」（Phase 2）與「加值應用」（Phase 2+），再依申請對象區分為「個別申請」與「研發聯盟」。研發聯盟，指的是 3 家（含）以上成員合作，成員半數以上須為中小企業，且由 1 家中小企業為代表，以聯盟形式提出研發計畫之補助申請，藉由產業上中下游及跨領域結盟，確定產業標準、擬定技術規格、建立共通平臺，促進新興產業提昇及傳統產業轉型與升級。

「先期研究／先期規劃」（Phase 1）是指針對具產業效益之創新構想進行小規模實驗或數值分析以驗證該構想可達成預期技術（計畫）目標之研究。

Phase1 先期研究／先期規劃		
計畫屬性	創新技術／創新服務	
申請階段	先期研究／先期規劃	
申請對象	個別申請	研發聯盟
計畫期程	6 個月為限	9 個月為限
補助上限	100 萬元	500 萬元

「研究開發／細部計畫」（Phase 2）是指針對具產業效益及明確可行性之創新構想進行產品、生產方法或服務機制研發，其中生產方法之研發可延伸至小量試產階段。如先執行 Phase 1 後再申請 Phase 2，須待 Phase 1 結案且經 Phase 1 委員同意後，始得申請 Phase 2。

Phase2 研究開發／細部計畫		
計畫屬性	創新技術／創新服務	
申請階段	研究開發／細部計畫	
申請對象	個別申請	研發聯盟
計畫期程	以 2 年為限，但生技製藥計畫經審查同意者可延長至 3 年	
補助上限	1. 全程補助金額不超過 1,000 萬元 2. 先申請 Phase1 且經審查結案再申請 Phase2，全程補助金額不超過 1,200 萬元	全程補助金額以成員家數乘以 1,000 萬元為上限，且最高不超過 5,000 萬元

「加值應用」（Phase 2+）是指將 Phase 2 研發成果產品商品化所須之工程化技術、工業設計、模具開發技術、試量產技術、初次市場調查等規劃，以達成技術加值，產品加值或價值鏈連結與加值。

Phase 2+加值應用		
計畫屬性	創新技術／創新服務	
申請階段	加值應用	
申請對象	個別申請	研發聯盟
計畫期程	以 1 年為限，但生技製藥計畫經審查同意者可延長至 1.5 年	
補助上限	全程補助金額不超過 500 萬元	全程補助金額以成員家數乘以 500 萬元為上限，且最高不超過 2,500 萬元

　　除了中央型 SBIR 計畫，各縣市政府亦有推動地方型 SBIR 計畫，由各縣市政府規劃研擬地方產業發展主軸與重點項目，重點補助在地中小企業。地方型 SBIR 計畫的特色如下：

（1）產業領域：強調以聚焦地方傳產聚落優勢、創新在地產品特色與服務發展優勢為主。

（2）補助對象：主要以小微企業為主。

（3）研發標的：著重於製程改善、產品改良以及服務應用為主。

SBIR 創業概念海選計畫

為能在有限資源下更有效率執行政府創新產業政策，經濟部中小企業處規劃針對補助新創企業之「創業型 SBIR」，第一階段為「創業概念海選計畫」，利用海選獎助方式鼓勵新創企業廣泛提案，擇優遴選 100 案，每案最多提供 60 萬元獎勵金。

雖然第一階段的補助金額只有 60 萬元，乍看之下不太吸引人，但其實「創業型 SBIR」還會陸續推動第二階段及第三階段。第一階段的創意概念海選，主要協助新創企業在創業早期階段能夠加速將創意轉換成創新，並且在市場變現，同時降低因資金、技術和市場的不確定性所造成的高失敗率風險。創意概念海選階段結案後鼓勵研提具體營運規劃書（Business Plan；BP）申請第二階段計畫補助經費，第二階段強調掌握關鍵技術或完成服務開發，並進行商業營運與規模化，以爭取持續性訂單或策略性投資。第三階段如獲得第三方訂單或創投資金，則再提供對等補助（投資）最高 50% 金額，以利協助成功商業化。

「創業概念海選計畫」的申請資格還算寬鬆，原則上新創企業都能適用：

（1）成立 5 年內之新創企業

（2）符合《中小企業認定標準》第 2 條所稱「中小企業」

（3）所提計畫之執行場所應於我國管轄區域內

但要注意，在計畫公告月分起 1 年內曾執行以下政府相關補助計畫或

同時申請者，不符合申請資格：

（1）小型企業創新研發計畫－創業概念海選計畫

（2）行政院國家發展基金創業天使計畫

（3）臺北市產業發展獎勵補助計畫－創業補助

（4）臺北市產業發展獎勵補助計畫－創業育成補助

（5）小蘋果園育苗培育實踐計畫

（6）創新創業激勵計畫（FITI）

服務業創新研發計畫（SIIR）

　　臺灣的服務業產值占全國 GDP 超過六成，已達到先進國家的水準，儘管臺灣服務業相當多元化，但卻面臨了企業規模偏小、研發投資低、創新程度不足、價格戰、薪資低、服務範圍不大等問題。政府推出服務業創新研發計畫（SIIR），主要是為了引導服務業者投入「三新」，即新服務商品、新經營模式或新商業應用技術之創新研發，提高其附加價值。SIIR 分為「創新營運」與「服務生態系」兩種補助類別，相關申請須知整理如下表。

服務業創新研發計畫（SIIR）		
申請資格	1. 國內依《公司法》登記成立之公司，以及依《有限合夥法》登記成立之有限合夥。2. 非屬銀行拒絕往來戶及無退票紀錄，且權益總額為正值。3. 每個申請單位及代表人最多只申請 1 類且 1 案，且在 3 年內累計補助不超過 2 案。4. 服務生態系須至少 2 家共同申請，且申請單位間不得為企業會計準則公報第 14 號及金管會認可國際會計準則第 24 號所稱之關係人	
不得申請之情形	申請單位若有以下情形不得申請：1. 已獲經濟部或所屬機關補助且於計畫受理截止日（含）前尚未結案者。但申請「服務生態系」類別者，不受此限制。2. 本年度擔任其他申請單位研發計畫之技術移轉單位 3. 前一年度受補助研發計畫執行有異常結案，或於其他政府補助計畫停權期間。4. 外國營利事業在臺設立之分公司、有限合夥分支機構及陸資企業	
申請條件	1. 針對「三新」規劃具體可行的研發計畫，鼓勵以本年度「補助主題」及應用新科技發展之創新內涵，其構想須超越目前同業水準且具市場可行性者之服務創新。2. 至少包含 3 個月試營運，且須於結案達成預期效益	
補助類別與經費	創新營運	1. 限單一單位申請
		2. 每案每年度補助上限為新臺幣 200 萬元
		3. 符合國際化服務貿易輸出者，每案每年度補助上限為新臺幣 250 萬，以曾獲 SIIR 補助者，將先前研發計畫加值並達到跨境拓展者尤佳
	服務生態系	1. 每案至少 2 家申請單位共同申請，組成須為「組合型」、「擴展型」或「供應鏈型」之服務生態系
		2. 每案每年度合計補助上限為新臺幣 1,000 萬元
		3. 主導單位補助上限為新臺幣 300 萬元，成員單位補助上限為新臺幣 200 萬元

最後應注意，申請單位需自籌與補助款相當之自籌款，即自籌款須等於或大於補助款。此外，為避免申請單位因計畫執行造成財務調度困難等影響，自籌款部分需等於或小於申請單位實收資本額，即補助款≦自籌款≦實收資本額。

臺北市產業發展獎勵補助計畫

臺北市政府為促進創新創業及招商引資，制定了《臺北市產業發展自治條例》及「臺北市產業發展獎勵補助計畫」，提供設立於臺北市之公司行號創業、研發、品牌、育成天使等創新補助及租金、薪資、利息、職訓等投資獎勵補貼。臺北市產業發展獎勵補助計畫的獎勵或補助，可分為5大類：

（1）獎勵補貼
（2）研發補助
（3）品牌建立補助
（4）創新育成補助
（5）創業補助

其中與新創企業最直接相關的為「創業補助」。申請創業補助所提之「創業計畫」應以技術或服務創新為核心，並具發展潛力之營運模式，且計畫內容具有可驗證指標。創業補助的審查重點在於創業計畫之創新、

創意與加值潛力，近 3 年內參加國內外相關創業競賽、設計競賽獲獎者或取得天使投資人、創投業者投資之創業計畫將優先考量。經審核通過之創業計畫，補助上限為 50%，最高 100 萬元。雖補助款本金不須還款，但創業者需自籌半數以上的創業資金，且專款專用於相關會計科目。

除了「創業補助」外，以研發或品牌行銷為導向的新創公司亦可考慮申請「研發補助」或「品牌建立補助」。申請研發補助所提之「研發計畫」至少應具技術開發、創新服務或文創內容延伸到價值創造，並有試營運機制或可驗證的商品化、事業化的投資標的。申請品牌建立補助所提之「品牌建立計畫」是指建立新創品牌、既有品牌升級或再造，具有開發新客群、新市場或建立新通路，並有助提升品牌價值與能見度之效益，且計畫內容具有可驗證指標。已獲臺北市研發補助及創業補助且結案優良或具連結臺北城市意象及特色者，會優先考量。

最後，請注意同一計畫獲其他政府單位獎勵或補助者，不得再申請臺北市產業發展獎勵補助計畫。

臺北市補助創業團隊出國參與創業計畫

臺北市政府為鼓勵新創團隊積極拓展國際視野，由產業發展局辦理「臺北市補助創業團隊出國參與創業計畫」，補助臺北市具潛力之創業團隊進駐國外加速器、參與國際創業活動或育成中心培訓計畫，協助新創團隊與國際接軌，建立國際資源網絡。

本項計畫往年都在年度中受理申請，申請通過之團隊下半年度出國參與創業計畫的費用可由臺北市政府補助。臺北市補助創業團隊出國參與創業計畫的重點內容，整理如下：

臺北市補助創業團隊出國參與創業計畫	
申請資格	依《公司法》或《商業登記法》於臺北市完成登記且登記未滿 5 年之公司或商業（不含所在地登記於臺北市之外國公司）
申請次數	每年度以申請兩案為限，每一申請案提報計畫內容不得重覆，以未接受其他政府機關重複補助者為限
計畫成員	1. 團員以 4 人為限 2. 該團員須為其公司或商業之經營團隊或專職聘僱人員
補助類別	1. 參與在國外舉辦之國際性創業活動或創業競賽 2. 進駐位於國外之創業加速器或育成中心 3. 參與國外創業加速器或育成中心提供之培育課程或相關訓練
補助內容	機票、進駐費、學費、門票及攤位費等支出
補助金額	單一申請案最高 50 萬元
申請應備文件	1. 申請書 2. 營運計畫書 3. 出國計畫書 4. 經費支出明細表 5. 申請單位證明

行政院國家發展基金創業天使投資方案

　　行政院國家發展基金（簡稱國發基金）在 106 年 3 月 24 日推出「創業天使投資方案」，希望在「創業天使計劃」補助額度用盡退場後，持續為新創團隊提供資源。不過，新方案並非「補助」而是「投資」，國發基金藉由與天使投資人共同投資（經投資評估審議會同意，得免共同投資），並提供新創企業創立初期營運資金，運用天使投資人投資經驗，提供被投資事業後續輔導諮詢與網絡連結。

　　創業天使投資方案自通過施行日起 5 年內均得受理申請，投資對象為於我國登記設立之新創事業或主要營業活動於我國之境外新創事業。本方案所稱的新創事業指設立未逾 3 年、實收資本額或實際募資金額不超過新臺幣 8,000 萬元之企業（經投資評估審議會同意者不在此限）。

　　創業天使投資方案可由天使投資人或新創事業提出申請，新創事業獲得天使投資人推薦者，國發基金將優先考量投資。本方案的天使投資人，指至少能提供 1 名業師輔導被投資事業，如下列機構、組織或其成員：

（1）天使投資基金
（2）創業投資事業
（3）天使投資組織
（4）天使投資俱樂部
（5）加速器或育成中心

　　國發基金對同一事業投資金額以不超過新臺幣 2,000 萬元為原則，且

參與事業投資之股權比率，原則上不超過被投資事業增資後實收資本額或實際募資金額之 20%，加計其他政府機構之官股比率占被投資事業股權比率也應低於 50%。

最後，應留意創業天使投資方案訂有國發基金之退場機制。被投資事業於國發基金投資後 7 年（得經投資評估審議會同意延長）內辦理首次現金增資時，國發基金得以該次現金增資價格或每股淨值孰高之 90% 為出售價格，將全數持股出售予共同投資之天使投資人或事業經營團隊，並以天使投資人優先；若被投資事業 7 年內未辦理現金增資，被投資事業應以每股淨值買回國發基金全數持股或辦理事業之清算解散。

群眾募資

群眾募資運作方式

群眾募資（Crowdfunding）是個人或組織為了達成某項目標或完成專案，向社會大眾募集小額資金的募資方式。參與群眾募資的好處不只是募集資金，公開提案時也等同於將創業構想攤在陽光下供大眾檢驗，這樣便能及早修正產品以貼近市場需求，而且如果募資大獲成功，還能夠成為目光焦點，增加產品曝光度。

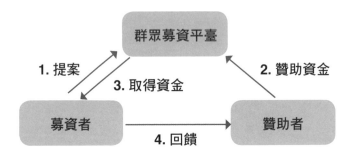

群眾募資模式

目前群眾募資主要有捐贈、回饋、預購、借貸、股權等 5 種模式。而臺灣以回饋及預購模式最為常見。

捐贈模式

捐贈型群眾募資的商業色彩較淡，贊助者多基於公益或慈善目的贊助

資金，不太要求回饋。有時也會與回饋型群眾募資混合進行，提供贊助者多一種選項。

回饋模式

贊助者參與回饋型群眾募資，在專案結束後贊助者可以得到回饋。回饋的形式不一，例如公益性質募資專案，得到的回饋可以是實體的明信片，或是參與國際志工團的機會等。

預購模式

預購型群眾募資的本質為商品銷售，贊助者透過預購支持募資者的產品構想。目前臺灣知名的群眾募資平臺，專案多以預購型為主流。

借貸模式

借貸型群眾募資是由募資者在網路平臺上刊登專案，說明籌資金額、目的、期限、利率等，以向贊助者募集資金，之後約定期限到期時再償還本金並加計利息，本質上為 P2P 借貸。

股權模式

我國金管會於 104 年 4 月開放股權性質的群眾募資，股權型群眾募資依法屬於證券業務，故中介的機構僅限證券商始得辦理。募資者在股權群眾募資平臺上募集資金，投資人取得的對價為該公司股份。

Lesson 4

與投資人共舞
新創企業估值與募資的協議過程及文件條款

股權融資—引入創投等投資人的資金,是新創企業成長茁壯的必經之路。

募資能力,是新創企業競爭力的一環。若融資速度跟不上燒錢步調,關門倒閉是必然的結果;反之,有絕佳的募資能力,及時取得銀彈為每個發展階段補充彈藥,成功自然不遠矣。

股權融資的協議過程

新創公司資源有限,且多數創業必須經歷漫長的「燒錢」階段,對外募資可說是新創公司共通的課題。募資能力,是新創企業競爭力的一環。若融資速度跟不上燒錢步調,只能被迫關門倒閉;相反的,若擁有絕佳的募資能力,在每個事業成長階段皆能取得充足銀彈,就更有機會收割甜美的果實。本章針對新創企業股權融資過程中涉及的協議過程、企業估值方法、募資常見的重要文件及投資條款,做一完整介紹。

新創企業股權融資的協議過程,可分成 5 個階段:

1	2	3	4	5
初步接觸	簽訂意向書	盡職調查	簽訂合約	交割

協議過程	說明
初步接觸	・投資人初步瞭解新創公司核心業務之營運與財務狀況 ・新創公司提供財務報表作為投資人擬定條件的依據
簽訂意向書 （Term Sheet）	・投資意向書的作用在於開啟投資的正式程序 ・意向書中最重要的財務資訊為新創企業估值，還有以該估值為基礎所計算的股權比例及每股金額
盡職調查 （Due Diligence）	・由於新創公司與投資人之間經常有資訊不對稱的情況，投資人會進行盡職調查以確認估值的合理性 ・在討論正式認股合約時，也可以做為調整公司估值的依據
簽訂合約	・主要規範投資人、新創公司與主要經營團隊間的權利義務 ・合約多由投資人提供初稿，再由新創公司與其主要股東審閱
交割	・合約簽署後，不代表投資人一定負有交割義務，要等到所有前提條件皆滿足，才會發生 ・交割前提條件的內容，為雙方合約談判重點

新創企業估值

　　企業主對於自己公司的產品、定價、成本通常非常熟悉，對於未來幾年的營收預估或利潤預估也有自己的看法，但被問到你們公司價值多少時，卻通常回答不出來，可能從沒想過這個問題，或根本不知如何算出這個價值。尤其，新創公司成立沒多久尚未賺錢，企業主與投資人討論一股要賣多少錢時，往往雙方都沒想法或出價缺乏立論依據，最後淪為菜市場喊價。

　　事實上，投資意向書中最重要的資訊之一，即為新創企業的估值。創投對新創企業價值的衡量，有一套專業的評估方法，最常見的三種方法分別是「資產法」、「市場法」及「收益法」。不同的估值方式，各有其立論依據及優缺點，應視實際情況選擇合適的估值方法。

資產法

　　資產法，顧名思義是以公司的資產及負債為基礎，計算公司各項資產之公平價值減除各項負債之公平價值後的價值。資產法的優點是概念簡單，但缺點是無形資產的價值較難呈現，也無法反映公司未來營運前景。資產法較適合公司營運狀況不佳，或高度仰賴土地、廠房、機器設備賺錢的重資產公司。大部分的新創公司為輕資產公司，且投資人著眼的是公司前景，故新創公司較不適合使用資產法評價，或其評價僅做為交易價格區

間的下限。

新創企業價值＝各項資產之公平價值—各項負債之公平價值

市場法

市場法，是尋找類似公司或類似交易做類比，以推算標的公司的價值。市場法的優點是概念簡單且易於計算，缺點是實務上不大可能找到一家完全類似的公司或交易，且估值反映的是歷史資訊，亦無法反映公司未來營運前景。

新創企業價值＝類似公司或交易價格倍數 x 新創企業之資訊

收益法

收益法，是反映公司未來可以創造出的現金流量。由於貨幣具有時間價值，未來的現金流量會以適當的折現率折現後，求得公司目前的價值。收益法的優點是可反映標的公司未來營運前景；收益法的缺點是評估流程複雜，需對標的公司做綜合性的評估，例如總體經濟分析、產業分析、競爭優勢分析、獲利成長性分析、風險分析、法規分析、財務預測合理性分析等，方能得到適當的評價結果。收益法適合用於評價尚未獲利且具潛力的新創公司，但未來現金流量及折現率之假設難免含有主觀成份，會影響最終評價結果。

股權融資的重要文件

投資意向書／投資條件書（Term Sheet）

投資意向書的作用是開啟投資的正式程序，一般不具有法律拘束力（non-binding）。除了明確約定具有法律效力的幾項條款（如保密、排他以及爭議解決條款）之外，其他包括估值、投資金額等商業條款為無法律約束力的「君子之約」。投資意向書的內容可分成 6 大重點：

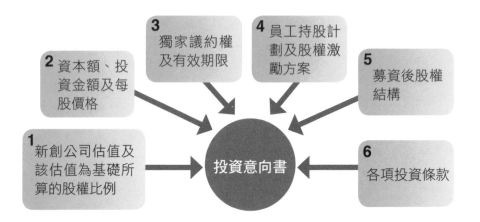

認股合約書（Stock Purchase Agreement）

簽訂投資意向書後，投資人會對新創公司進行盡職調查，鉅細靡遺地查核被投資公司的實際營運狀況、股權結構、合約、財務現況等，以確認公司的真實價值及投資風險。盡職調查之結果，可做為調整最終認股條件

的依據。認股合約書為具法律拘束力的文件，由被投資公司與投資人簽署，其主要內容如下：

(1) 認股條件：例如認股價格、股份種類及數量、股權比例、交割日等。

(2) 聲明保證：聲明保證是對簽約當時的現況及簽約前所發生的事實之陳述，例如聲明保證資本結構合法、無官司訴訟、重大客戶合約仍有效。已知發生或可能發生之不利情事可列為除外事項，以避免違反合約。

(3) 先決條件：先決條件可分為投資履行股款給付義務之前提條件，及被投資公司履行發行股份義務之前提條件。例如要求被投資公司之聲明保證仍為正確真實、被投資公司修正章程等。

表決權契約（Voting Agreement）

投資人為了有效監督公司，會以表決權拘束契約預先就重要股東會會議事項，約定股東投票權行使之方式，以達到控制股東會投票結果。表決權拘束契約有少數大股東把持公司的疑慮，故過去我國法院判決多站在保護小股東的立場視為違反公序良俗之不正當手段，認為合約無效。

然而表決權拘束契約為國外常見之新創募資實務，無關公序良俗。為營造有利新創之環境，104 年閉鎖性公司上路後，明定閉鎖性公司股東得

以書面契約約定共同行使股東表決權之方式，亦得成立股東表決權信託，由受託人依書面信託契約之約定行使其股東表決權。107 年《公司法》修正後，參照閉鎖性公司規定，擴大適用至所有非公開發行股票公司。

章程

章程通常會以認股合約書的附件方式呈現，其中與投資人息息相關的條款有：

（1）股利優先權（Dividends Preference）

（2）優先清算權（Liquidation Preference）

（3）表決權（Voting Right）

（4）保護條款（Protective Provisions）

（5）轉換權（Conversion）

（6）反稀釋條款（Anti-dilution Provisions）

常見的投資條款

投資前後估值（Pre Money Valuation & Post Money Valuation）

投資前估值（**Pre-Money Valuation**），指公司在將外部投資額加入資產負債表前的價值。投資後估值（**Post-Money Valuation**），將外部投資額加入資產負債表後計算而得到的公司價值。兩者的關係可用以下公式表達：

投資後估值＝投資前估值＋投資金額

舉例來說，聯發公司的股東共有 100 股，相當於 100% 的股東權益。若某一投資者向該公司投資 1,000 萬元以換取 20 股新股，則投資後估值為 1000 萬 x（120 ÷ 20）＝ 6000 萬元，投資前估值即 5,000 萬元，而原始股東的股權比例會被稀釋到剩 83.3%（100 ÷ 120）。

優先清算權（Liquidation Preference）

清算，一般發生在公司解散清算或被併購時。優先權，指在清算時特別股股東有權利將他們投入的資金優先取回。優先清算權決定公司在清算時剩餘資產如何分配。優先清算權有兩個組成部分，優先權（Preference）和參與分配權（Participation）。參與分配權有三種：無參與權（Non-participation）、完全參與分配（Full-participation）、附上限參與分配權（Capped participation）。投資人透過優先清算權，確保公司在解散清

算或被併購時,優先取回當初投入的本金及投資報酬。

表決權(Voting Right)

不同種類的股票,可以擁有不同的表決權力。新創企業可以透過發行無表決權、複數表決權或是具有特定事項否決權的特別股,來規劃經營主導權。107 年《公司法》修法後,我國非公開發行股票公司(含閉鎖性公司)均可發行具複數表決權或特定事項否決權的特別股,但差別在監察人選舉時,股份有限公司的複數表決權特別股股東只允許一股一權,但閉鎖性股份有限公司複數表決權特別股股東仍具有複數表決權。

董監席次(Board Seats)

投資人為有效監督公司,於股東會層級可透過特別股或表決權拘束契約,主導股東會議案投票結果;於董事會層級,投資人可透過控制董事會成員及董監席次數主導董事會議案投票結果。107 年《公司法》修正後,允許我國非公開發行股票公司及閉鎖性股份有限公司保障特別股股東取得一定名額的董事席次,還允許閉鎖性股份有限公司保障特別股股東具有取得一定名額的監察人席次。最後,閉鎖性股份有限公司股東會選舉董事及監察人之方式,不強制採累積投票制,允許公司得以章程另定選舉方式。

保護條款（Protective Provisions）

保護條款是投資人為了保護自己的利益而訂定，要求公司在執行某些特定事項或潛在可能損害投資人利益前（例如增減董事席次數），應取得一定比例之投資人同意。另外，我國《公司法》對於特別股股東之權利保護，有類似規定。依《公司法》第 159 條第 1 項規定：「公司已發行特別股者，其章程之變更如有損害特別股股東之權利時，除應有代表已發行股份總數 2 ／ 3 以上股東出席之股東會，以出席股東表決權過半數之決議為之外，並應經特別股股東會之決議。」

優先認購權（Preemptive Right）

優先認購權是為了使原股東保持其擁有的股權比例，而享有優先認購公司新發行股份的一種權利。我國《公司法》有明定賦予股東優先認購權，但外國法令則不一定，故仍可能會於合約中載明。

優先購買權（Right of First Refusal）

優先購買權的首要目的是使公司或投資人能夠控制公司的股東結構，同時避免主要股東成員無預警變更。公司或投資人為避免公司之主要股權流散到他人手中甚或競爭者手中，會約定創始股東或主要股東想要出售股份時，公司或投資人在同等條件下有權優先購買其股份。如優先購買權人未行使其權利時，出售者方得以相同條件出售予第三人。

依我國《公司法》，有限公司在出資轉讓上即具有閉鎖性質，一般股東需要其他股東表決權過半數同意，才得為之，如果擔任董事，則需要其他股東表決權 2／3 以上同意，才可將出資額轉讓給他人；股份有限公司的股權原則上為自由轉讓，但 107 年《公司法》修正後，亦允許非公開發行股票公司的特別股載明轉讓限制，故已非完全自由轉讓；而閉鎖性股份有限公司之最大特點，就是法律限制其股份自由轉讓，以維持閉鎖特性。

共售權（Co-Sale Rights／Tag-Along Rights）

共售權，簡言之就是「你賣，那我也賣」的權利。在被投資公司進行上市前，如果原始股東（如公司創辦人或重要主管）轉讓股份給第三方，投資人有權按照擬賣股份的股東與第三方達成的價格和協定，參與到這項交易中，按原始股東和投資人在被投資公司中的股份比例向第三方轉讓股份。舉例來說，原始股東打算轉讓 100 萬股給第三方，目前原始股東和投資人持股比例分別為 75% 與 25%，則原始股東最多可以向第三方轉讓 75 萬股，投資人則可以向第三方轉讓 25 萬股。

強賣權（Drag-Along Rights）

強賣權，又拖售權或領售權。如果被投資公司在一個約定的期限內沒有上市，投資人有權要求原始股東和自己一起轉讓股份給第三方，原始股

東須按投資人與第三方談好的價格和條件按雙方在企業中的股份比例向第三方轉讓股份。許多併購交易中，買方會以能取得標的公司全部或多數股權（2／3以上或超過1／2）為交割條件。因此投資人常會在表決權契約中要求強賣權，以便在這種情況可強制要求表決權契約簽約人共同出售股權，以透過併購方式退場。

轉換權（Conversion）

轉換權，特別股股東有權在任何時候或約定情況（如 IPO）下，以約定轉換率將特別股轉換成普通股。舉例如下：

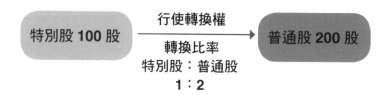

反稀釋條款（Anti-dilution Provisions）

新創公司在其成長過程中，往往需要多輪融資，但誰也無法保證每輪融資時發行股份的價格都是上漲的，投資人為防止因下一輪降價融資（Down Round）導致自己手中的股份貶值，會要求反稀釋條款做為股權利益之保障。反稀釋條款因計算方式的不同，可分為以下三種常見類型：

（1）完全棘輪反稀釋條款（Full-ratchet Anti-dilution）：如果公司後續發行的新股價格低於原始投資人適用完全棘輪條款的轉換價格，所有先前發行的股票都會被重新定價到新的發行價格。此條款對原始投資人最有利，但對新創團隊最不利，因為原始投資人的持股數會大幅膨脹，將稀釋新創團隊的持股比例。

（2）一般加權平均反稀釋條款（Narrow-based Weighted-Average Anti-dilution）：對新創團隊而言，此條款較完全棘輪好。此法試圖找出原始投資人因公司低價發行新股而被稀釋的部分，將其與原始投資人按公司新發行的股票價格而應獲得的新股數量相對比，從而按一定比例調整。

（3）廣義加權平均反稀釋條款（Broad-based Weighted-Average Anti-dilution）：對新創團隊最有利的條款，與一般加權平均反稀釋條款類似，差別在於計入其他選擇權等權利轉換得到的股數。

贖回權（Redemption Right）

贖回權行使方式可分成兩種情況：

（1）投資人提出要求其股票被回購（Put Option）

如果被投資公司無法達成設定目標或承諾（如一定期限內上市或整體

出售），被投資公司須以約定的價格買回投資人所持有的全部或部分的股票。投資人主張贖回權迫使公司為投資者尋求另外的變現管道。舉例來說，「國發基金創業天使投資方案」即有載明若被投資公司 7 年內未辦理現金增資，被投資公司應以每股淨值買回國發基金全數持股或辦理事業之清算解散。

（2）被投資公司提出回購投資人的股票（Call Option）

當投資人投資公司的競爭對手，或投資人被競爭對手收購等情況，被投資公司提出回購投資人的股票。

新創募資的盡職調查

　　由於新創公司與投資人之間經常有資訊不對稱的情況，在簽訂投資意向書（Term Sheet）之後但正式簽訂認股合約之前，投資人會進行盡職調查對新創公司進行全面性的評估，以增進對新創公司的瞭解。盡職調查的結果，可做投資人調整公司估值及談判合約條款的基礎。新創募資之盡職調查，可分為幾個層面之查核：

（1）公司背景盡職調查：公司組織架構、章程、股權結構、股東名冊、歷次增資投資條款及協議書、員工持股計畫、董事會及股東會議事錄等。

（2）市場及產品盡職調查：市占率、網站流量、下載數量、（活躍）會員數、交易量、出貨量等。

（3）財務盡職調查：財務報表及其可靠度、財務預測假設之合理性、盈餘品質分析等。

（4）稅務盡職調查：歷年稅務申報文件、潛在稅務風險、股權架構變動之稅務風險等。

（5）法律盡職調查：過去、現在及潛在之法律訴訟、智慧財產權、使用權協議（End User License Agreement）、重要契約等。

　　最後，雖然創投入股前會對新創公司進行盡職調查，以驗證估值之合

理性並確認投資風險，但其實新創團隊也應對創投進行「反向盡職調查」。引入創投資金，除了創辦團隊的股權比例會因此降低之外，投資人可能取得董監席次，並有相關投資條款（如反稀釋條款）保障投資人之利益，因此新創公司選擇投資人不可不慎。創辦團隊應該對投資你的創投基金有一定認識，例如創投基金規模、投資產業別及生命週期等，並瞭解基金還有多少可動用資金，基金是否會後續跟投。此外，創辦團隊也應瞭解創投管理公司（普通合夥人）及基金出資者（有限合夥人），確認除了資金之外，他們可以提供哪些額外資源或入股後會有哪些要求。選擇適合的投資人，理解投資人的需求，並妥善管理投資人關係，創業這條路就多了一分勝算！

創業家的第一堂會計課
新創企業的會計帳務
與財務報表

被譽為「經營之聖」的日本企業家稻盛和夫認為,經營者除了必須掌握公司的實際經營狀況外,還必須做出正確判斷,而要做到這兩件事就必須熟稔會計原則與會計處理。

接下來的這個章節裡,我們為大家介紹新創企業的會計帳務與財務報表。

企業的語言：會計

什麼是會計？

會計被稱為企業的語言，是商業上共通的溝通工具。透過會計，可以將企業對特定個體發生的經濟事項，予以辨認、衡量、記錄與溝通，彙整而得的資訊可以提供給使用者從事判斷及決策。

這些會計資訊能夠反映一段時間內所發生的商業交易，而且會以「貨幣」作為衡量和記錄的單位，例如賣出一臺電腦會以銷售金額來入帳而非記錄賣出一臺電腦，以便比較不同企業的經營成果。例如有兩間水果攤，第一間在某天出售了 2 箱蘋果和 1 箱橘子，第二間在同一天賣出 1 箱蘋果和 2 箱橘子，單憑這些資訊很難論斷哪間水果攤業績比較好，但如果轉換成貨幣來表達就很容易用來比較經營成果。

值得注意的是，「會計」與一般所說的「簿記」或「記帳」並不相同，嚴格來說，簿記只涉及會計中的記錄環節，會計還涉及辨認應入帳的事項、衡量入帳的金額及將彙整後的會計資訊進行分析與溝通等，因此，相較於簿記，會計考量的範圍更為廣泛，並非僅限於記錄企業的交易結果而已。

被譽為「經營之聖」的日本企業家稻盛和夫認為，經營者除了必須掌握公司的實際經營狀況外，還必須做出正確判斷，而要做到這兩件事就必須熟稔會計原則與會計處理。在瞭解會計的定義後，接下來我們介紹會計循環。

會計循環

會計循環,指每個會計期間必須執行的會計處理程序,包含下列 6 個步驟:

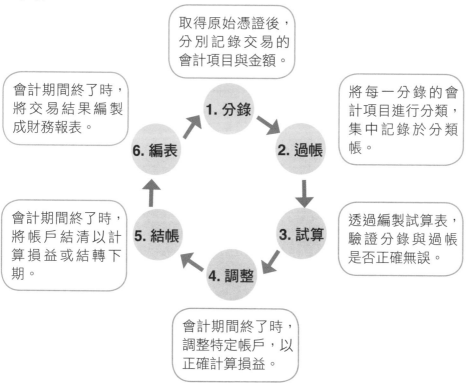

基於上述會計循環可以知道,會計主要是用來記錄過去已經發生的事件與交易,雖然管理者仍可基於歷史資訊進行財務上的預測,但此僅是會計資訊的延伸用途。

艾蜜莉小學堂

會計的種類：財務會計 vs. 稅務會計 vs. 管理會計

　　會計依企業的不同用途，可區分為財務會計、稅務會計及管理會計等。

　　上述提及的會計循環的概念，主要隸屬於「財務會計」的範疇，也就是指企業平時詳實記錄企業內各個交易事項，並於期末進行損益的結算及編製財務報表，其結果反映了企業的財務狀況與經營績效；值得提醒的是，企業在編製財務表時，必須根據一般公認會計原則進行編製，如：國際財務報導準則、企業會計準則、商業會計處理準則等。

　　「稅務會計」被視為財務會計的調整，企業通常根據一般公認會計原則編製財務報表，再根據《所得稅法》或相關法令之規定，將其相異處於所得稅申報書內進行調整。對於許多中小企業而言，法律上並未強制要求其財務報表須經由會計師查核簽證或未對外募集資金，其帳務處理往往更偏重於稅務層面。

　　「管理會計」顧名思義著重強化企業內部經營管理，企業可以根據其所處的產業特性、競爭強度、行銷策略或預算目標等需要，來蒐集彙整出有用的資訊並製作管理報表。管理會計原則上不受一般公認會計原則的規範，只要能作為管理者擬定經營策略及控管經營計畫的參考資訊即可。

新創企業的帳務處理

公司設立後，企業主立即要面對的就是公司的會計帳務及稅務申報如何處理，以及公司該自行記帳還是委外記帳？臺灣中小企業常有所謂的內外帳，指的又是什麼？本節就來回答新創企業初期對於公司帳務的諸多疑問。

自行記帳 vs. 委外記帳

新創企業初期多半委外記帳，由於會計及稅務具有高度專業性，委託專業的會計師事務所代為處理公司的記帳報稅日常作業，不但能避免不必要的會計帳務錯誤及風險，並有專業人士說明相關會計及租稅法令規定，可讓新創企業的資源與心力專注在企業發展的核心議題。此外，創業初期資金有限，即使以最低工資聘僱社會新鮮人擔任專職會計一年也要花費約30萬元，如果公司的設立資本額是100萬元，就有約1／3的公司資源用於支付會計人員薪資，而非將有限資源投入在產品、服務與市場開發，這其實是一種資源錯置；反之，委託會計師事務所記帳1年大約只要數萬元，成本相對低廉許多。最後，若新創事業有多位原始股東，如果由某位特定股東自行記帳，易有瓜田李下之嫌或易產生股東糾紛，也可能因此委由第三方代為記帳。

委外記帳雖然在創業初期具有多項優點，但缺點是相關會計作業較不即時，多為每月或每2個月一次批次處理。當公司成長至一定規模，

日常交易量已不可同日而語，企業財力亦足以聘任具一定專業的財會人員時，可考慮自行記帳以取得更即時的財務資訊供決策所需。

內外帳 vs. 一套帳

許多臺灣中小企業為了不同的目的，對不同的報表使用者編制不同的帳冊，即所謂的兩套帳（內外帳），甚至多套帳。所謂「外帳」，大多指稅務帳，目的是為滿足稅務申報要求，為外部使用者（國稅局）所編制的帳冊。所謂「內帳」，多指財務帳，目的是真實反映公司經營狀況的財務資訊，供內部使用者（公司管理階層）決策之用。

中小企業採行兩套帳不外乎以下幾個原因：

（1）稅務導向：中小企業多半以減輕稅負為優先考量，對法令遵循較不重視，故以降低稅負為考量編制供稅務申報用之外帳。

（2）欠缺對會計及財務的正確認知：中小企業主多半不具備會計或財務背景，容易忽略會計及財務資訊之重要性，甚至誤以為記帳的用途僅為了稅務申報。

（3）節省委外記帳費用：由於一套帳之專業服務費用較高，資金有限或想節省開支的企業主可能選擇委外記外帳。

採行兩套帳方式，看似既可減輕稅負，又可節省委外費用，因此中小企業兩套帳的情況很普遍。然而隨著經營期間的拉長，企業的內外帳差異

會逐漸擴大，也會隨之衍生許多問題。便宜行事的兩套帳作法，短期內或許可以達到企業主減輕稅負又節省費用的期望，但長期而言其實是喪失企業競爭力的關鍵！

以減輕稅負或節省委外費用為考量的外帳報表往往失真，申報收支與資金流向時常兜不攏，資產負債會計項目欠缺完整明細，反而導致未來更大的稅務風險。而且，許多新創企業委外記外帳，但自己也沒記內帳或只有流水帳，流水帳或失真的財務報表根本無法反映企業經營的成果，給予任何經營方向上的指引。

此外，由於企業的實際經營狀況與帳目所載情形落差過大，向金融機構貸款、向投資人募資或併購交易盡職調查時所提供財務報表資料不受信賴，可能面臨融資困難或退場不易的窘境。一個退場不易的新創企業，投資人怎麼敢投資呢？一個缺乏募資能力的新創企業又如何能規模化呢？

最後 ，如果有多位股東或外部投資人時，帳目交代不清更是容易導致股東糾紛。新創企業必須求生存發展的階段，如果又面臨股東內鬩，如何能專注在事業的經營發展呢？

一套帳的作法是公司平時按照《商業會計法》及一般公認會計原則入帳，於營利事業所得稅結算申報時再按稅法相關規定進行調整。雖然一套帳因為必須忠實表達公司實際營運的成果，編制成本比外帳高出不少，甚至還會因此繳較多的稅，但一套帳才能真正建立起企業與其利害關係人之間的信任關係，讓投資人、債權人及股東願意有錢出錢有力出力，結合眾人之力及資源，共同成就一番事業！

企業財務儀表板：財務報表

財務報表簡介

財務報表彙整了企業在經營活動過程中所產生的會計資訊，一套完整的財務報表由以下四張報表組成：

（1）資產負債表：反映商業特定日之財務狀況，簡單來說，就是指在某一個時間點，公司擁有多少資產與負債。

（2）綜合損益表：反映商業報導期間之經營績效，可以從中看出公司在 一段期間內的收入、支出及獲利等情況。

（3）現金流量表：反映一段期間內現金的變動狀況，包含現金的流入與流出，並根據性質分類為營業、投資及籌資活動現金流量。

（4）權益變動表：反映一段期間內權益組成項目的變動情形。

艾蜜莉小學堂

哪些公司的財務報表必須經會計師查核簽證？

自 108 會計年度起，公司當年度符合以下條件之一，其財務報表應經會計師查核簽證：

（1）實收資本額達 3,000 萬元以上。

（2）實收資本額未達 3,000 萬元，但「營業收入淨額達 1 億元」或「參加勞保員工人數達 100 人」。

值得注意的是，四大財務報表彼此之間也互有關聯。從以下圖示中我們可以發現，現金流量表的各類現金流量合計結果反映了資產負債表上「現金及約當現金」期初與期末數字的差額；同理，權益變動表則反映了資產負債表上「權益項目」期初與期末數字的變動情形；綜合損益表上的本期淨利會出現於權益變動表中的「保留盈餘變動數」，而本期其他綜合損益則會列示於「其他權益變動數」。

財務報表四大表關聯圖

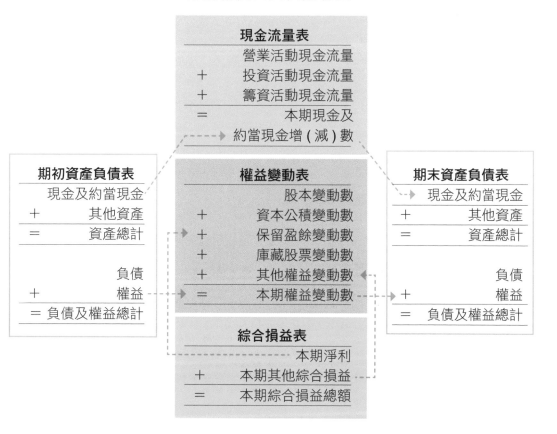

財務報表的功能

會計很重要的一個功能是「將彙整後的財務資訊提供給資訊需求者，以利其從事判斷及決策」，運用財務會計原則所編製的財務報表，正提供了這樣的整合性資訊。財務報表使用者可分為「內部使用者」與「外部使用者」：

	財務報表使用者
外部使用者	1. 股東 2. 投資人：例如創投 3. 債權人：例如銀行 4. 政府：例如國稅局 5. 社會大眾：例如求職者
內部使用者	企業的經營者，例如： 1. 董監事 2. 經理人

財務報表使用者拿到財務報表就像是取得企業的健康檢查報告，通常會從 5 個面向來判斷企業體質是否強健。

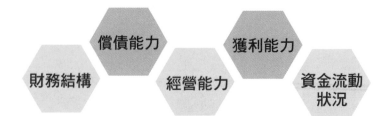

財務結構，指企業的資金來源中，來自負債及股東權益的比率；償債能力，指企業償還到期的長期負債或短期負債的能力，足以評估企業永續經營的能力；經營能力，指企業運用土地、勞務、資本等生產要素從事各種經營活動的效率；獲利能力，指企業採取必要之經營策略後所能獲取利潤之能力，亦為評估企業競爭力的指標；資金流動狀況，主要是透過比較「企業透過營業活動所賺取的現金」與「各項因支付進料或銷售活動的支出金額」來進行資金收支的評估。上述各面向都有其合適的財務指標（例如以毛利率衡量獲利能力、應收帳款周轉率衡量經營能力等），透過這些指標我們可以將會計數字轉為簡單明瞭的資訊，並向使用者呈現經營成果。

財務報表的編製基礎

除現金流量之資訊外，企業應按「應計基礎」，而非「現金基礎」，編製其財務報表。在應計基礎制下，一項交易對企業之影響，須於發生時（而非在收到或支付現金時）便加以辨認及記錄。例如，企業採用賒銷方式銷售商品，須於銷貨發生時便認列銷貨收入，而不是等到收到現金時才認列收入。相對於應計基礎制，現金基礎制則是以現金收到或付出為依據來記錄收入的實現和費用的發生。

採用應計基礎制的優點在於，以此基礎所編製之財務報表更能反映特定會計期間實際的財務狀況和經營業績，有助於財務報表使用者作決策。

資產負債表

資產負債表的組成要素

資產負債表主要由 3 大要素組成，分別是：「資產」、「負債」及「權益」，這些組成要素共同反映了公司在特定日期時的財務狀況，它們之間的關係如下圖：

資產負債表三大要素之關係

| 資產 | = | 負債 | + | 權益 |

| 公司因過去的交易所擁有的資源，且預期未來可帶來經濟效益。 | 公司因過去交易而產生的債務，預期未來清償時需犧牲經濟資源。 | 資產減去負債後之剩餘部分。 |

資產負債表反映公司於特定時點之財務狀況，即公司擁有多少資產與負債。資產，依是否預期於 1 年內實現、出售或消耗，可區分為流動資產與非流動資產。負債，依是否預期於 1 年內清償，可區分為流動負債與非流動負債。權益，為資產減去負債後之淨值。

解讀資產負債表

介紹完資產負債表的主要組成要素後，我們將進一步為大家介紹「資

產類」及「負債類」的個別會計項目，而權益類會計項目將於「權益變動
表」中詳細說明。

資產負債表的主要會計項目

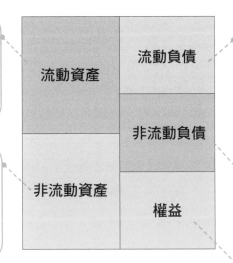

預期於 1 年內實現、出售或消耗之資產：
1. 現金與約當現金
2. 應收帳款
3. 存貨

無法歸屬於流動資產者：
1. 不動產、廠房及設備
2. 無形資產

預期於 1 年內清償之負債：
1. 短期借款
2. 應付帳款
3. 其他應付款
4. 預收款項

最常見的會計項目為「長期借款」，即到期日在 1 年以上之借款。

資產減去負債之剩餘部分：
1. 資本（股本）
2. 資本公積
3. 保留盈餘

資產類會計項目

（1）現金及約當現金：現金，指庫存現金、零用金、活期存款、支
票存款及 1 年期以內之定期存款等。約當現金，指可隨時轉換成定額現
金且價值變動風險甚小之短期並具高度流動性之短期投資，如投資日起 3

個月到期或清償之國庫券、商業本票、貨幣市場基金、可轉讓定期存單、
商業本票及銀行承兌匯票等。

　　雖然介紹理財觀念時常提到「現金為王」，但公司的資金管理卻不是
越多現金越好，持有過多的現金反而可能表示公司資金管理效能不彰。目
前活期存款年利率不到 0.1%，企業為了在變現性與報酬率間取得平衡，
會將閒置資金投入國庫券、商業本票、可轉讓定存單這類短期票券，賺取
高於活期存款的報酬率。

　　（2）應收帳款：應收帳款指因出售商品或勞務等而發生之債權。簡
單來說，企業依約出貨或是完成勞務，但客戶尚未支付的款項就是應收帳
款。我們可以用「應收帳款週轉率」來衡量企業的收款能力，它代表應收
帳款在 1 年內回收的「次數」，比率值高表示收款成效良好，其計算公
式如下：

應收帳款週轉率 = 營業收入 ÷ 平均應收帳款餘額

　　（3）存貨：存貨是一般買賣業或製造業常見的會計項目之一，指符
合以下任一情況的資產：

・持有供正常營業過程出售者。
・正在製造過程中以供正常營業過程出售者。
・將於製造過程或勞務提供過程中消耗之原料或物料。

　　簡言之，存貨可能來自進貨後尚未賣出的貨物，例如進口商自國外進

口的商品；也可能是為了製造產品所需的原物料、製造到一半的在製品以及製造完待出售的製成品；當然，若公司以提供勞務為主，就不太會有存貨。

當企業賣出商品時，帳上的存貨會減少，商品之成本會轉到綜合損益表上的「銷貨成本」。我們可以用「存貨週轉率」來衡量一家公司的存貨管理能力，它類似翻桌率的概念，可以解釋為「1 年內清光庫存的次數」，其計算公式如下：

存貨週轉率 = 銷貨成本 ÷ 平均存貨餘額

值得留意的是，公司的存貨週轉率下滑，可能表示銷售情況或存貨管理效能惡化。如果企業是因為預期某原物料價格將上漲或缺貨而先行囤貨備料，當然就另當別論，因此存貨週轉率不可僅看數字高低，應進一步分析發生的原因。最後，不同產業的銷售循環不同，分析存貨週轉率時應與自己或同業相比，不應跨產業比較，才有合理的比較基礎。

（4）不動產、廠房及設備（固定資產）：「不動產、廠房及設備」指企業為生產商品、提供勞務、出租或管理目的而持有，且預期使用期間超過 1 年之有形資產，包括土地、建築物、機器設備、運輸設備、辦公設備等會計項目。固定資產是為了營業使用而長期持有，它創造經濟效益的同時，價值也因為損耗而減少，因此固定資產的成本必須在其使用期間逐期轉列為費用，稱為「折舊費用」，而累計的折舊費用為該資產項目的減項，稱為「累計折舊」。

舉例來說，公司為了載貨於 107 年 12 月 31 日花 300 萬元購置一輛貨車，預期可以使用 3 年。隨著貨車逐年提供載貨，貨車的資產價值也會逐年減少100 萬元（＝ 300 萬元 ÷ 3 年），累計減少的價值即所謂的「累計折舊」；而每年減少100 萬元的部分也會成為綜合損益表上當年度的「折舊費用」。

　　（5）無形資產：「無形資產」顧名思義指無實體形式的資產及商譽，常見的無形資產有商標權、專利權、著作權、電腦軟體等。財務報表中的商譽，非指公司的品牌價值或聲譽，而是指企業合併時併購價格高於被併購公司淨資產價值的部分。類似固定資產必須每年提列折舊費用，無形資產亦採類似作法依經濟效益期限分期攤銷，轉為綜合損益表中的「攤銷費用」。

負債類會計項目

　　（1）短期借款：短期借款，指向金融機構或他人借入或透支之款項，且預期於 1 年內到期清償之負債。相對的，長期借款指到期日在 1 年以

上之借款。

（2）應付帳款：應付帳款，指因賒購原物料、商品或勞務所發生之債務。企業間交易通常並非「一手交錢，一手交貨」，多採信用交易，例如月結 30 天、月結 60 天等。企業與供應商議定的付款條件取決於企業的議價能力，「應付帳款週轉率」就是衡量議價能力的指標，它代表應付帳款在 1 年內付清的「次數」，比率值低表示公司付款速度慢，其計算公式如下：

應付帳款週轉率 = 銷貨成本 ÷ 平均應付帳款餘額

企業的「應收帳款週轉率」與「應付帳款週轉率」可以互相對比來觀察企業營運資金的週轉。若應收帳款週轉率大於應付帳款週轉率，代表收款比付款快，企業發生週轉困難的可能性較低；若應收帳款週轉率小於應付帳款週轉率，代表收款比付款慢，企業發生資金週轉困難的可能性較高。

（3）其他應付款：其他應付款，指不屬於應付票據、應付帳款之應付款項，如應付薪資、應付稅捐、應付股息紅利等。

（4）預收款項：預收款項，顧名思義指預先收取之款項。舉例來說，薇軟公司推出了 1 年期的軟體訂閱方案，要求客戶預先支付 1 年期的軟體使用權費用，即屬預收款項。值得注意的是，若以「現金基礎」觀點，企業會將預收款項認為是收入，忽略了企業未來的履約義務，及伴隨履約義務所發生的成本費用，容易恣意揮霍手頭上的資金；但在「應計基礎制」

下，預收款項屬於負債性質，代表收取現金的同時伴隨著未來必須履行的義務，懂得會計的企業主就會明白應妥善管理這筆預收款項以支應未來的支出。

（5）長期借款：長期借款為非流動負債中最常見的會計項目之一，即到期日在 1 年以上的借款。借款之所以要區分出長短期，在於企業各項資金需求亦有長短期之分。新創企業之財務結構首重穩健，應注意以長支長，以短支短。長期資金需求，應以長期資金來支應；而短期資金需求應以短期資金來支應。例如企業從事擴廠及長期投資的資本支出需求，應以長期借款或權益等長期資金來支應。由於固定資產的投資金額通常很龐大，如果以短期資金支應，即以短支長，在較短的還款期限下，輕則造成短期資金償還壓力沈重，重則可能面臨資金週轉不靈而倒閉；反之，若以長期資金來支應短期資金需求，即以長支短，則必須負擔較高的資金成本，侵蝕公司利潤。

以上是常見的資產類會計項目與負債類會計項目，最後附上資產負債表範例，供讀者參考。

資產負債表範例

資產及負債皆區分流動與非流動，原則上按流動性高到低，由上而下排列。

資產	107 年 12 月 31 日 金額	負債及權益	107 年 12 月 31 日 金額
流動資產		**流動負債**	
現金及約當現金	$5,500,000	短期借款	$700,000
應收帳款	1,000,000	應付帳款	500,000
存貨	2,500,000	其他應付款	600,000
流動資產總額	9,000,000	流動負債總額	1,800,000
非流動資產		**非流動負債**	
不動產、廠房及設備		長期借款	6,910,000
土地	12,000,000	其他非流動負債	1,200,000
房屋及建築	8,000,000	非流動負債總額	8,110,000
減：累計折舊一房屋及建築	(900,000)		
機器設備	3,000,000	**負債總額**	9,910,000
減：累計折舊一機器設備	(360,000)		
不動產、廠房及設備淨額	21,740,000	**權益**	
其他非流動資產	800,000	資本	20,000,000
		資本公積	0
		保留盈餘	
		未分配盈餘	1,630,000
非流動資產總額	22,540,000	權益總額	21,630,000
資產總額	$31,540,000	負債及權益總額	$31,540,000

資產 = 負債 + 權益

綜合損益表

綜合損益表的組成要素

綜合損益表的組成要素，主要有營業收入、營業成本、營業費用、營業外收益及費損（營業外收支）、所得稅費用、繼續營業單位損益、停業單位損益、本期淨利、本期其他綜合損益、本期綜合損益總額等會計項目。

損益表的結構以營業收入與支出（營業收支）與營業外收入與支出（營業外收支）作劃分，其中營業支出又可以進一步區分為營業成本與營業費用。營業收入，指企業因銷售產品或提供勞務而取得的各項本業收入；營業成本，指銷售商品或提供勞務的直接成本，包含製造產品所耗用的原物料、生產人員的薪資支出及製造費用（如工廠之水電費等）；營業費用，指和產品或服務沒有直接相關，因日常營運產生的間接費用，通常歸類為行銷費用、管理費用、研發費用三類；業外收益及費損（營業外收支），指非公司本業營運所帶來的收入和支出，例如政府補助、出售資產收入或損失、投資收入或損失、利息收入或支出、匯兌收入或損失等。

不考量「本期其他綜合損益」的情況下，綜合損益表的結構如下圖。

營業收入				
營業成本	營業毛利			毛利率＝營業毛利 ÷ 營業收入
	營業費用	營業利益		營業利益率＝營業利益 ÷ 營業收入
		營業外收支	稅前淨利	稅前淨利率＝稅前淨利 ÷ 營業收入
			所得稅費用　稅後淨利	稅後淨利率＝稅後淨利 ÷ 營業收入

解讀綜合損益表

損益表，就是公司獲利的成績單，可以看出一間公司是否賺錢。但是「賺錢」一詞，其實是一個含糊不清的術語，許多人並未思考其具體內涵，或是不同人所稱的「賺錢」都不一樣，變成雞同鴨講。「賺錢」，在不同情境下，可能指營業收入、營業毛利、營業利益、稅前淨利或稅後淨利，說明如下：

（1）營業收入：營業收入是公司的本業收入，是損益表的 Top Line，尚未扣除任何成本費用，代表的是公司產品銷售的總金額，反映的是產品是否賣得出去。

（2）營業毛利：營業收入減除營業成本（直接成本）之餘額為營業毛利。營業毛利除以營業收入的比率稱為毛利率。營業毛利代表公司進貨再售出或進料加工生產後售出所賺取到的產品利潤，毛利率的高低反映了產品的附加價值及公司的產品競爭力。

（3）營業利益：公司銷售商品所賺取之營業毛利必須用以支付營運所需之行銷、管理、研發等營業費用，營業收入減除營業成本及營業費用之餘額稱為營業利益，代表公司本業經營所創造的利潤。營業利益除以營業收入的比率稱為營業利益率。

（4）稅前淨利：營業利益加計營業外收支為稅前淨利，代表公司整體的利潤。

（5）稅後淨利：稅前淨利減除所得稅費用之餘額為稅後淨利，代表公司實際可支配用以投資或分派股利的利潤。

認識上述幾個描述「賺錢」的名詞,並理解其中差異,公司才能明白自己的優勢所在及待改進的空間。例如:如果公司營收高但毛利低可能代表公司創造的附加價值低;毛利高但營業利益低可能代表公司管理效能不彰;營業利益低但淨利高可能代表本業經營不佳,依賴業外收入。

介紹完綜合損益表最重要的「賺錢」觀念,最後附上綜合損益表範例,供讀者參考。

綜合損益表範例

項目	107 年度 金額	
營業收入	$2,000,000	⎤
營業成本	(1,200,000)	├→ **1. 計算「營業毛利」**
營業毛利	800,000	⎦
營業費用	(500,000)	⎤
營業淨利	300,000	├→ **2. 計算「營業淨利」**
營業外收益及費損		⎤
租金收入	65,000	
利息費用	(35,000)	├→ **3. 計算 「(繼續營業單位) 稅前淨利」**
營業外收益及費損總額	30,000	
繼續營業單位稅前淨利	330,000	⎦
所得稅費用	(66,000)	⎤
繼續營業單位稅後淨利	264,000	
停業單位損益(稅後)	—	├→ **4. 計算「本期稅後淨利」**
本期稅後淨利	264,000	⎦
本期其他綜合損益	20,000	⎤ **5. 計算**
本期綜合損益總額(稅後餘額)	$284,000	├→ **「本期綜合損益總額」**

現金流量表

現金流量表的組成要素

現金流量表，由營業現金流量、投資現金流量及籌資活動現金流量等
3 大要素組成，反映一段期間內「現金及約當現金」的流入與流出。

為幫助讀者理解現金流量表之內容，我們舉一個案例來說明現金變動
在現金流量表的呈現方式。假設華朔公司在 107 年 1 月 1 日的「現金與
約當現金」餘額為 100 萬元，107 年度稅後淨利為 150 萬元，並假設除
折舊費用 20 萬元以外，當年度營業收入與支出皆透過現金收付。當年度
公司另有出售機器設備（無利得或損失）取得現金 20 萬元，並償還貸款
40 萬元。華朔公司「現金及約當現金」的變動情況及現金流量表的營業、
投資及籌資之現金流量，如下圖所示。

107 年度現金流量表

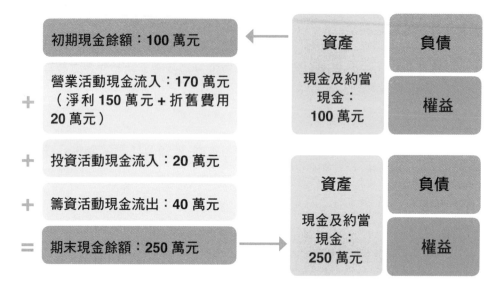

解讀現金流量表

　　有人說，現金是企業的「血液」，現金之於企業，如同血液之於人體，必須充足且流動順暢，否則可能有立即性的危險。有些企業常年虧損，仍持續營運，但卻偶有聽聞生意興隆、獲利穩定的企業，因受金融海嘯或其他外在因素影響，一時之間現金週轉不靈而「黑字倒閉」。企業按「應計基礎」會計編製其資產負債表及綜合損益表，雖然可呈現企業收取現金之權利及支付現金之責任，但是無法系統性地呈現企業的現金收支。現金流

量表，正是填補應計基礎不足之處。

分析現金流量表時，首重「營業活動現金流量」，因為本業收入應是企業最穩定的現金流量來源，除此之外，有別於損益表上的營業收入採應計基礎，營業活動現金流量直接反映了企業真實的現金收支情況，足以評估企業的經營風險；「投資活動現金流量」則端視企業的投資決策而定，一家經營有成的企業通常會選擇進一步擴張營業版圖，如：增購機器設備、收購其他公司等，因此「投資活動現金流量」為負一般來說並非壞事，可以視作企業增加競爭力的手段之一，然而如果企業投資決策不當，導致報酬率不如預期，則必須進一步追蹤檢討；最後，「籌資活動現金流量」代表企業對外籌資的需求，如果此部分流量長期為正值，且「營業活動現金流量」普遍表現不佳，則表示企業可能無力依靠本業收入支應所需的支出，應當特別留意，反之，如果此部分流量為負值，則可能表示企業不僅不需要對外籌資，還有餘力發放股利給股東，可以視作經營良善的表徵之一。

最後，附上現金流量表範例，供讀者參考。

現金流量表範例

項目	107 年度
營業活動之現金流量	
調整營業單位稅前淨利	$600,000
調整項目：	
1. 不影響現金流量之收益費損項目	
折舊費用	500,000
出售資產損益	100,000
2. 與營業活動相關之流動資產／負債變動數	
應收帳款減少	100,000
存貨增加	（300,000）
應付帳款增加	120,000
3. 營運產生之現金流入	1,120,000
支付之所得稅	（120,000）
營業活動之淨現金流入	1,000,000
投資活動之現金流量	
購買設備	（2,000,000）
出售設備價款	900,000
收取之利息	20,000
投資活動之淨現金流出	（1,080,000）
籌資活動之現金流量	
舉借短期借款	1,000,000
現金增資	700,000
籌資活動之淨現金流入	1,700,000
本期現金及約當現金淨增加數	1,620,000
期初現金及約當現金餘額	1,100,000
期末現金及約當現金餘額	$2,720,000

1. 從繼續營業單位稅前淨利開始，排除不影響現金流量的收益費損項目。

2. 計算與營業活動相關之資產及負債會計項目期初到期末間的現金流量變動數。

3. 將上述金額合計後，再減去當期支付之所得稅，即可算出「營業活動之現金流量」。

計算「投資活動之現金流量」。除範例中列出的項目外，收取股利也是常見會產生投資活動現金流量的情況。

計算「籌資活動之現金流量」。除範例中列出的項目外，常見項目還有償還借款、發放現金股利等。

3 種活動之現金流量合計，加上期初「現金及約當現金」餘額，可得到期末「現金及約當現金」餘額。

案例研討：從現金流量表來看亞馬遜公司的經營哲學

在過去 20 年裡，亞馬遜公司在營業活動上表現亮眼，營業收入扶搖直上，然而最終的淨利數字卻持續低迷、不見起色，除此之外，亞馬遜一貫的「零股息」政策也是名聞遐邇。儘管如此，這個電商巨人的股價卻持續受到追捧，投資人看重其未來發展潛力，願意放棄領取穩定股息，以換取未來高額的股票價差利得。上述事實另人不禁好奇，這個營收蒸蒸日上的企業，為何淨利數字始終低迷？它不發放股利讓股東共享經營成果，那它到底把賺到的錢花到哪裡去了呢？

（縱軸單位：百萬美元）

	2012 年	2013 年	2014 年	2015 年	2016 年	2017 年
營收	61,093	74,452	88,988	107,006	135,987	177,866
淨利	-39	274	241	596	2,371	3,033
淨利率	-0.06%	0.37%	0.27%	0.56%	1.74%	1.71%

（單位：百萬美元）

　　要回答這個問題，最直接的辦法就是來看看亞馬遜現金流量表的數據。原來，在營收高速成長的同時，亞馬遜也「很努力在花錢」，特別是在投資方面。我們可以看到，亞馬遜每年從本業賺進的營業現金流多數都花費在投資活動上，甚至在 2017 年還向外籌資補足資金缺口，其中大約 137 億美元花在收購美國生鮮超市 Whole Foods Market，將經營版圖擴大到實體零售店。

	2012 年	2013 年	2014 年	2015 年	2016 年	2017 年
營業活動現金流	4,180	5,475	6,842	12,039	17,272	18,434
投資活動現金流	-3,595	-4,276	-5,065	-6,450	-9,876	-27,819
募資活動現金流	2,259	-539	4,432	-3,882	-3,740	9,860

（單位：百萬美元）

亞馬遜的創辦人貝佐斯（Jeff Bezos）多年來反覆強調自由現金流量（營業現金流量減除資本支出）的重要性，並指出帳面上的淨利數字並非亞馬遜追求的重點所在，反之，亞馬遜著重企業未來的成長性，因此花費了巨額的研發支出投入創新，在《2018 全球創新一千大企業調查》中，亞馬遜榮獲了全球研發經費投入之冠，雖因此侵蝕了會計上的淨利數字，卻贏得了市場的青睞！透過這則案例，我們可以瞭解到，新創企業若希望突破現局、拓展未來的發展潛力，絕不能一味固守其淨利，惟損益表是從；反之，企業必須妥善規劃與運用其營業現金流量，將眼光放長，才能像亞馬遜一樣，為企業注入豐沛的成長動能。

權益變動表

權益變動表的組成要素

「權益變動表」顧名思義就是用以表示公司在一段期間內權益組成項目變動情形的報表。權益變動表由以下會計項目組成，這些會計項目也會在資產負債表中的權益項下看到，但權益變動表反映了這些會計項目的變動情形。

（1）股本：指股東投入的金額，並向主管機關登記核准者。

（2）資本公積：指股票發行時，價格高於面額的溢價部份。

（3）保留盈餘：指公司歷年營業結果所產生之權益，包含：

　　·依法自盈餘指撥的「法定盈餘公積」（累積虧損）。

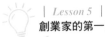
· 依法自盈餘指撥的「法定盈餘公積」。

· 為了限制股息或紅利分派而依法指撥的「特別盈餘公積」。

· 未經指撥的「未分配盈餘」（或待彌補虧損）。

（4）庫藏股票：指公司收回已發行股票，而尚未再出售或註銷者。

（5）其他權益：指除上述4項以外造成權益增加或減少的項目。例如：依法辦理資產重估增值時所產生的未實現重估增值等。

股東權益變動表與資產負債表之關係

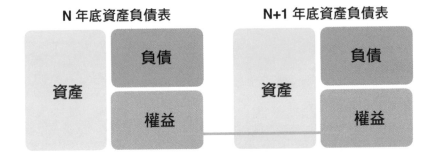

N 年底資產負債表

負債

資產

權益

N+1 年底資產負債表

負債

資產

權益

N+1 年度權益變動表
1. 股本變動
2. 資本公積變動
3. 保留盈餘變動
4. 庫藏股票變動
5. 其他權益變動

解讀權益變動表

　　基本上，新創企業之權益變動項目相對單純，通常以增資導致的股本變動及本期淨利結轉的保留盈餘變動為大宗。當企業具有一定規模時，應留意其他權益變動。「其他權益」下的變動數可以在當期綜合損益表的「其他綜合損益」中找到，這些損益通常具有「未實現」的性質，如：備供出售金融資產未實現損益。由於綜合損益表僅能反映當期的變動數額，若想要進一步檢視企業歷年來所累積的變動數，就必須詳細檢視權益變動表，由於這些累積的未實現損益可能於未來期間實現而大幅影響該期損益，因此權益變動表仍擔當了相當重要的角色。

　　最後，附上權益變動表範例供讀者參考，由左至右是各個權益組成的項目，由上而下則是一段期間內各項目的變動情形：

權益變動表範例

該年度各權益組成項目之期初餘額及合計期初餘額

各個權益組成項目

該年度各權益組成項目之期末餘額及合計期末餘額

該年度權益組成項目變動情形

| 項目 | 普通股股本 | 資本公積 | 保留盈餘 | | | 合計 |
			法定盈餘公積	特別盈餘公積	未分配盈餘	
107 年 1 月 1 日餘額	37,000,000	2,000,000	250,000	—	2,100,000	41,350,000
盈餘指撥及分配						
法定盈餘公積			49,000		（49,000）	—
現金股利					（876,000）	（876,000）
107 年度稅後淨利					4,500,000	4,500,000
現金增資	5,000,000					5,000,000
107 年 12 月 31 日餘額	$42,000,000	$2,000,000	$299,000	$ —	$5,675,000	$49,974,000

註：本表暫不考慮其他綜合損益之會計項目。

創業家的第一堂稅法課
新創企業不可不知的稅務知識

公司成立之後,除了申報營業稅及年度營利事業所得稅之外,
在每年的1月及9月還有扣繳申報及暫繳申報的義務。開公司
當老闆,得要注意的稅務規定還真不少……

開公司，有哪些稅？

公司，是法律上具有人格的法人組織，是獨立的法律實體，就像自然人一樣具有法律上的權利與義務。因此，公司本身具有納稅義務，公司設立後需要負擔兩種主要稅負：營業稅及營利事業所得稅（簡稱營所稅）。

想要創業但營業規模較小者可能會選擇設立「行號」，而非「公司」。兩者的稅務規定比較整理於下表，本章後續內容將著重公司的稅務議題。

	公司	行號
營業稅	皆應使用統一發票，並報繳營業稅	小規模營利事業：經核准免用統一發票，依國稅局所核定之稅額繳納營業稅
		非屬小規模營利事業：應使用統一發票，並報繳營業稅
營利事業所得稅	應申報營所稅以及未分配盈餘加徵營所稅	小規模營利事業：免申報營所稅，由國稅局核定營利事業所得額，直接併入獨資資本主或合夥組織合夥人所得，課徵綜合所得稅
		非屬小規模營利事業： 1. 應申報營所稅，但無須計算及繳納其應納之結算稅額 2. 其營利事業所得額，依法列為獨資資本主或合夥組織合夥人之所得，課徵綜合所得稅

小規模營業人定義和營業稅起徵點

　　小規模營業人，指規模狹小，交易零星，每月銷售額未達使用統一發票標準（20萬元），而按國稅局查定課徵營業稅的營利事業。

　　小規模營業人每月銷售額達以下起徵點就要課徵營業稅，其依行業而有所不同：

- 8萬元：買賣業、製造業、手工業、新聞業、出版業、農林業、畜牧業、水產業、礦冶業、包作業、印刷業、公用事業、娛樂業、運輸業、照相業、一般飲食業。
- 4萬元：裝潢業、廣告業、修理業、加工業、旅宿業、理髮業、沐浴業、勞務承攬業、倉庫業、租賃業、代辦業、行紀業、技術及設計業、公證業。

　　開公司之後，除了每2個月一期的營業稅申報及每年5月的年度營利事業所得稅結算申報之外，公司在每年的1月份及9月份還有扣繳申報及暫繳申報的義務。因此，公司需特別注意的月份有：1月扣繳申報、5月營所稅結算申報及9月暫繳申報。

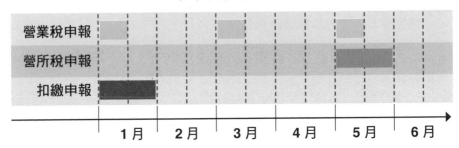

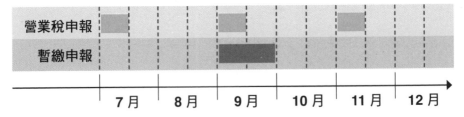

營業稅

2 個月一期的營業稅申報，應該是新創企業初期最有感的稅目了！營業稅，是在各階段的銷售行為，對其銷項稅額超過進項稅額之差額部分課稅。許多新創企業初期虧損不必繳納所得稅，但對其仍需繳納營業稅而困惑不解。本節就帶讀者瞭解營業稅的基本觀念及如何正確開立發票吧！

營業稅的基本觀念

營業稅的課稅範圍及稅率

凡在我國境內銷售貨物或勞務及進口貨物之行為，應依《營業稅法》規定，課徵營業稅。營業稅課稅範圍很廣，涵蓋了多數公司的主要營業行為。一般情況下，營業稅稅率為 5%。為了鼓勵外銷取得外匯，若符合《營業稅法》第 7 條的條件，計算銷項稅額時稅率為 0%。此外，政府基於特殊目的有給予特定貨物或勞務免徵營業稅，例如為配合社會福利政策，依法經許可設立的社會福利團體，提供社會福利勞務可免稅。

外銷貨物、與外銷有關之勞務，或在國內提供而在國外使用之勞務，依《營業稅法》第 7 條規定適用零稅率者，應檢附之文件如下：

適用零稅率之情況	應檢附之文件
外銷貨物	1. 外銷貨物報經海關出口：免檢附證明文件
	2. 委由郵政機構或依相關辦法經核准登記之快遞業者出口：離岸價格在新臺幣 5 萬元以下，為郵政機構或快遞業者掣發之執據影本；其離岸價格超過新臺幣 5 萬元，仍應報經海關出口，免檢附證明文件
與外銷有關之勞務，或在國內提供而在國外使用之勞務	1. 取得外匯結售或存入政府指定之銀行：政府指定外匯銀行掣發之外匯證明文件（可以檢附影本）
	2. 取得外匯未經結售或存入政府指定之銀行：原始外匯收入款憑證影本

雖然適用零稅率之情況看起來不複雜，但實務上對於「外銷勞務」適用零稅率，納稅義務人與稽徵機關解讀法令常存在巨大差異，建議創業家們仍應請教專業人士意見，避免與國稅局認知不同，致補稅加罰。

營業稅的納稅義務人

營業稅的納稅義務人，如下：

（1）銷售貨物或勞務之營業人。

（2）進口貨物之收貨人或持有人。

（3）外國之事業、機關、團體、組織，在中華民國境內無固定營業

場所者，其所銷售勞務之買受人。但外國國際運輸事業，在中華民國境內無固定營業場所而有代理人者，為其代理人。

（4）第 8 條第 1 項第 27 款、第 28 款規定之農業用油、漁業用油有轉讓或移作他用而不符免稅規定者，為轉讓或移作他用之人。但轉讓或移作他用之人不明者，為貨物持有人。

（5）外國之事業、機關、團體、組織在中華民國境內無固定營業場所，銷售電子勞務予境內自然人者，為營業稅之納稅義務人（境外電商銷售電子勞務給境內自然人）。

艾蜜莉小學堂

付費刊登臉書廣告，誰是營業稅納稅義務人？

新創公司常透過網路投放廣告，提高商品服務的能見度。以最常見的臉書廣告為例，公司付費刊登臉書廣告，誰是營業稅的納稅義務人呢？

臉書是在我國境內無固定營業場所的外國公司，而刊登臉書廣告的新創公司是勞務之買受人。依《營業稅法》規定，外國之事業在中華民國境內無固定營業場所者，其所銷售勞務之「買受人」為營業稅納稅義務人。因此，新創公司為營業稅納稅義務人，須於營業稅申報時，在申報書的「購買國外勞務欄」填入給付金額。

至於近年熱烈討論的「境外電商課徵營業稅」議題，主要是規範境外電商銷售電子勞務給「境內自然人」的情況。如果是「個人」付費刊登臉書廣告，依《營業稅法》規定，外國公司在我國境內無固定營業場所，銷售電子勞務予境內自然人者，為營業稅之納稅義務人，即為臉書公司。

簡單來說，賣方是「境外電商」，銷售項目是「電子勞務」時，視買受人是公司或個人，營業稅納稅義務人會不同。

營業稅的計算方式

營業稅，是就銷售貨物或勞務過程中所增加的價值課稅，即按進銷之差額課稅。換句話說，應納稅額是銷售貨物或勞務所收取之稅額（銷項稅額），減去其購入貨物或勞務所支付之稅額（進項稅額），如下列公式：

銷項稅額　　➡️　銷售額 × 稅率

−　　進項稅額　　➡️　購入貨物或勞務之金額 × 稅率

=　　應納（溢付）稅額　➡️　當期應實繳（申報留抵）之稅額 ❷

❷ 暫不考慮上期累積留抵稅額。

舉例來說，全聯公司在 108 年 1 月至 2 月銷售貨物的銷售額為 30,000 元，並且從國內供應商進貨 10,000 元，如果全聯公司沒有過去幾期的溢付所產生的留抵稅額，那本期要繳的營業稅就是 1,000 元。全聯公司本期營業稅應納稅額計算如下：

銷項稅額　　1,500 元　➡️　銷售額 30,000 元 × 稅率 5%

−　　進項稅額　　500 元　➡️　購入貨物之金額 10,000 元 × 稅率 5%

=　　應納稅額　　1,000 元　➡️　當期應繳納之稅額 1,000 元

假設另一種情況，若當期只有 5,000 元銷售額，這時就會有溢付稅額 250 元，可以在以後的各期中繼續留抵。

	銷項稅額	250 元	➜ 銷售額 5,000 元 × 稅率 5%
−	進項稅額	500 元	➜ 購入貨物之金額 10,000 元 × 稅率 5%
=	溢付稅額	250 元	➜ 當期申報留抵稅額 250 元

最後，取得國外公司開立的收據或 Invoice 是無法扣抵營業稅的，取得國內公司開立的統一發票也不一定可以扣抵營業稅，但千萬別以為不能抵營業稅就不用取得憑證，且上述費用雖無法扣抵營業稅，但仍可能於 5 月營利事業所得稅結算申報時認列費用。例如，交際餐費，雖不可扣抵營業稅，但營所稅時可認列費用。

哪些進項稅額不得扣抵銷項稅額？

多數情況下，購入貨物或勞務所支付的進項稅額可以扣抵銷項稅額，但有以下 5 種常見情況，其進項稅額不能扣抵：

（1）購進之貨物或勞務未依規定取得並保存第 33 條所列之憑證者。例如：支出未取得我國統一發票、取得發票但未載明名稱、地址或統編等有進項稅額也無法扣抵營業稅。

（2）非供本業及附屬業務使用之貨物或勞務。但為協助國防建設、慰勞軍隊及對政府捐獻者，不在此限。例如公司舉辦尾牙餐會，支付餐廳之場地租金及餐費。

（3）交際應酬用之貨物或勞務。例如購買中秋月餅禮盒贈送客戶。

（4）酬勞員工個人之貨物或勞務。例如員工摸彩相關費用。

（5）自用乘人小汽車，指「非供銷售或提供勞務使用之 9 人座以下乘人小客車」，購買貨車或客貨兩用車之進項稅額仍可扣抵。

營業稅的申報與繳納期限

公司無論有沒有銷售額，都要以每 2 月為 1 期，於次期開始 15 日內向主管稽徵機關申報上期銷售額、應納或溢付營業稅額並繳納營業稅。例如 1、2 月該期的營業稅須在 3 月 15 日（含）前申報並繳納。

統一發票的基本觀念

統一發票有哪些種類？

　　對一般民眾而言，對於發票最直接的認識就是可以對獎。但對創業家來說，必須對我國的統一發票多一些認識，因為發票和公司的會計、稅務、財務作業息息相關。以下是我國使用的統一發票種類：

手開給「營業人」（B2B）如：公司或行號。

未來趨勢！目前在超商、加油站等已頗為常見。

三聯式統一發票

手開給「非營業人」（B2C）如：個人、外國公司。

電子發票

二聯式統一發票

發票種類

收銀機統一發票

電子計算機統一發票

搭配收銀機使用，亦逐漸被電子發票取代。

特種統一發票

已停止核准使用，109／1／1起全面停用。

少見

這些發票種類中,目前最常見的是「三聯式統一發票」、「二聯式統一發票」及「電子發票」。三聯式和二聯式統一發票都是手開式發票,最主要的差別在於開立的對象不同。若開立「三聯式發票」給客戶,第一聯「存根聯」由開立發票的公司行號自行留存,第二聯「扣抵聯」及第三聯「收執聯」要交付給客戶,分別作為申報扣抵營業稅用及記帳憑證用。若開立「二聯式發票」給客戶,第一聯「存根聯」同樣由開立發票的公司自行留存,第二聯「收執聯」交付給客戶。

如何開立發票?

公司開張後,有銷售貨物或勞務的行為,都應依《營業稅法》「營業人開立銷售憑證時限表」規定之時限,開立統一發票交付買受人。開立發票雖不難,但有許多細節,不熟稔的新手常會開錯。本節就逐一說明發票的各項欄位如何填寫。

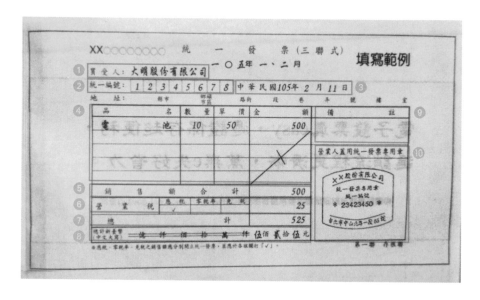

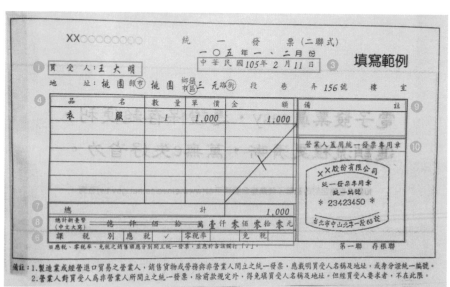

❶ 買受人：填寫購買者的名稱。

❷ 統一編號：填寫買受人的統一編號。

❸ 日期：填寫交易日期。另須注意統一發票應按時序開立，以本例之日期為 105 年 2 月 11 日，那麼下一張發票日期應為 2 月 11 以後。

❹ 品名、數量、單價、金額：所銷售貨物或勞務之品名、數量、單價及金額。若為三聯式發票，金額為未含稅金額；若為二聯式發票，金額為含稅金額。為避免他人任意填載，建議如上圖範例將金額空白處劃記打叉符號。

❺ 銷售額合計：加總之未含稅銷售額。

❻ 「營業稅」或「課稅別」：使用統一發票時，應區分應稅、零稅率或免稅分別開立。若為使用三聯式發票之應稅銷售，並填入「銷售額合計」之金額乘上 5% 稅率計算所得之營業稅額。

❼ 總計：加總之含稅金額。若為三聯式發票，總計金額為「銷售額合計」加上「營業稅」；若為二聯式發票，總計金額為含稅「金額」加總。

❽ 總計新臺幣：應以中文大寫「總計」之金額，並如範例將空白處劃刪除線。阿拉伯數字對應的大寫中文如下：

阿拉伯數字	1	2	3	4	5	6	7	8	9	0
大寫中文	壹	貳	參	肆	伍	陸	柒	捌	玖	零

❾ 備註：原則上為非必填欄位。

❿ 營業人蓋用統一發票專用章：「扣抵聯」及「收執聯」應加蓋統

一發票專用章。統一發票專用章應刊明公司名稱、統一編號、地址及「統一發票專用章」字樣，統一編號應使用標準 5 號黑體字之阿拉伯數字。

使用手開發票時應留意：

（1）發票開錯要作廢重開時，應收回原開立統一發票收執聯及扣抵聯，黏貼於原統一發票存根聯上，並註明「作廢」字樣。

（2）若當期發票有賸餘空白未使用部分，應截角作廢保存。

（3）非當期之統一發票，不得開立使用。

最後，若公司有大量開立發票的需求，勢必無法仰賴人工手開發票，「電子發票」為未來趨勢，且發票資訊較易於與其他資訊系統整合，可優先考慮。

營利事業所得稅

什麼是「營利事業所得稅」？

營利事業所得稅（簡稱營所稅）顧名思義是針對「所得」來課稅。新創事業成立初期多半處於虧損狀態，但無論公司盈虧都要申報營利事業所得稅，申報的頻率不像營業稅申報那樣頻繁，營利事業所得稅結算申報（5月）與暫繳申報（9月）為每年申報一次。

營利事業所得稅，主要涉及以下幾項申報義務：

（1）營利事業所得稅結算申報（5月申報）
（2）未分配盈餘申報（5月申報）
（3）營利事業所得基本稅額申報（5月申報）
（4）營利事業所得暫繳稅額申報（9月申報）

因為營利事業所得稅之申報涉及許多會計及稅法知識，且申報書表繁多，多數新創企業會委由會計師代為處理。創業家們如果具備營所稅的基本觀念，未來與專業人士討論時就會更順利！

營利事業所得稅結算申報

根據《所得稅法》規定，總機構在我國境內的營利事業，應就其境內外全部營利事業所得，合併課徵營利事業所得稅。營利事業所得之計算，

艾蜜莉小學堂

不可扣抵營業稅，但於營所稅申報可認列費用的支出

雖然「營所稅」和「營業稅」看似都是收入減支出，但其實兩者大不同。同一筆支出，可能無法扣抵營業稅，但可於營所稅申報時認列費用。舉幾項常見的費用為例：

費用種類	說明
交際費	交際應酬費用，例如宴請客戶的餐費
職工福利	酬勞員工費用，例如請員工看電影
勞務費	例如給付給會計師、律師、民間公證人等費用
租金	公司給付租金時，個人房東未開立發票，而是由公司辦理扣繳申報，該費用因為未取得統一發票不可扣抵營業稅，但因為有實際支出仍可於營所稅申報時認列費用

以其年度收入總額減除各項成本費用、損失及稅捐後之純益額為所得額。

目前營利事業所得稅的起徵額為 12 萬，即全年課稅所得額在 12 萬元以下者，免徵營利事業所得稅。營利事業所得稅率原為 17%，107 年全民稅改後調高為 20%。為了避免獲利不高的公司受衝擊，課稅所得額未超過 50 萬元之營利事業，採分年調整，107 年度稅率為 18%、108 年度稅率為 19%，109 年度起按 20% 稅率課稅。

公司在申報營利事業所得稅時，不同的申報方式對於課稅所得額的計算、被稅局調帳的機率、盈虧互抵的權利等，都有差異。營利事業所得稅

結算申報，主要有以下三種申報方式：擴大書面審核申報、查帳申報及會計師稅務簽證申報。

一、擴大書面審核申報

財政部為簡化稽徵作業，推行便民服務，訂定「擴大書面審核」的申報方式，簡稱「擴大書審」。擴大書審的概念有些類似綜所稅採標準扣除額申報，並非減除實際的成本費用，而是以財政部訂的標準來減除成本費用，計算課稅所得額。財政部依照行業別所訂的「擴大書審純益率」，多介於 4% 至 10% 之間。

公司採「擴大書審」申報，課稅所得額計算公式為：

課稅所得額＝（全年營業收入淨額＋全年非營業收入）× 擴大書審純益率

擴大書審的適用條件及優缺點如下：

擴大書面審核申報	
適用條件	1.（全年營業收入淨額＋非營業收入）≦ 3,000 萬 2. 書表齊全，自行依法調整之純益率在「擴大書審純益率」以上 3. 於申報期限截止前繳清應納稅款
優點	1. 除有重大異常外，國稅局僅依書面資料核定，不進行調帳查核 2. 委外記帳費用較低
缺點	1. 企業的純益率若低於政府所訂擴大書審純益率，必須多繳稅。企業當年度虧損，仍必須依擴大書審純益率計算課稅所得額繳稅 2. 不同年度的盈虧無法互抵

二、查帳申報

「擴大書審」是政府為簡化稽徵作業所推行便民措施，正常情況下，公司本應採「查帳申報」，核實課稅。公司應參照《商業會計法》等相關法令據實記載公司的收入、各項成本、費用及損失等，在辦理營利事業所得稅結算申報時，其帳載事項再依《所得稅法》等法令自行調整後，計算課稅所得額。

查帳申報	
優點	依實際盈虧核實課稅，當年度虧損時不必繳稅
缺點	1. 帳證須經得起稅局查核，否則容易導致補稅加罰 2. 不同年度的盈虧無法互抵 3. 委外記帳費用較高

三、會計師稅務簽證申報

全年度營業收入與非營業收入達 1 億元以上的公司辦理營利事業所得稅結算申報，必須委託會計師查核簽證。除法令強制要求之外，公司選擇會計師稅務簽證申報通常有以下幾項原因：

（1）合法節稅規劃：一般公司對於稅務法規及租稅優惠不見得那麼熟悉，藉稅務簽證的機會，可請會計師規劃與指導，善用合法節稅的管道。

（2）盈虧互抵：若企業虧損時，採擴大書審申報可能導致虧損仍必須繳稅的結果；若採查帳申報，雖可核實課稅不必繳稅，但本

年度的虧損在未來獲利時無法互抵；若採會計師稅務簽證申報，本年度的虧損可於未來 10 年內扣抵，即降低未來的所得稅負。

（3）交際費限額提高：為避免企業浮濫申報交際費，稅法對於交際費列支設有限額；採會計師稅務簽證申報時，交際費限額提高，可合法節稅，降低所得稅負。

（4）降低被查稅的風險：採會計師稅務簽證申報時，會計師必須出具查核簽證報告書，國稅局對會計師查核簽證報告書進行書面審核，公司被國稅局直接調帳查核機率較低，可降低被查稅的風險。

（5）降低查稅溝通成本：採會計師稅務簽證申報，若真的被稅局選中查核時，稅局會先找會計師調閱查核工作底稿，公司需直接面對稅局及提示帳證資料的機會較少，可減輕公司財會人員直接面對稅局的壓力。

艾蜜莉小學堂

營利事業所得稅盈虧互抵

　　許多新創企業初期必須投資於研發或市場擴展，導致公司前幾年虧損。早期的投資，其實是為了創造更好的未來，若公司不懂得善用盈虧互抵，未來賺錢時可能要繳交大筆稅負。營利事業符合以下四大要件，可適用盈虧互抵，企業虧損可於未來 10 年內扣抵：

（1）公司組織
（2）會計帳冊簿據完備
（3）虧損及申報年度均經會計師查核簽證
（4）如期申報營利事業所得稅

會計師稅務簽證申報	
優點	1. 合法節稅規劃
	2. 不同年度的盈虧可互抵
	3. 交際費限額提高
	4. 降低被查稅的風險
	5. 降低查稅溝通成本
缺點	額外的會計師稅務簽證費用

「未分配盈餘稅」是為了降低公司藉保留盈餘為股東規避個人稅負之誘因所設計。公司當年度有盈餘但不分配，就會有額外的「未分配盈餘稅」。臺積電創辦人張忠謀認為「保留盈餘課稅是反企業成長稅」，107年全民稅改後，未分配盈餘稅率已由 10% 降為 5%。

營利事業所得基本稅額申報

最低稅負制是讓適用租稅減免規定而繳納較低稅負甚至不用繳稅的公司，能夠繳納基本稅額的制度，適用的法律為《所得基本稅額條例》。

營利事業按照《所得基本稅額條例》計算的稅額稱為「基本稅額」，其計算方式如下：

基本稅額＝（基本所得額 － 50 萬）× 12%

包含以下項目：
1. 營所稅課稅所得額
2. 證券及期貨交易所得
3. 其他免稅所得及減免所得額

公司什麼時候需要繳納最低稅負制中的基本稅額呢？簡單來說：

一般所得稅額 ≧ 基本稅額 → 依一般所得稅額繳納，不必繳基本稅額

一般所得稅額 ＜ 基本稅額 → 另就兩者差額繳納基本稅額

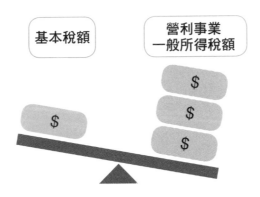

營利事業所得稅暫繳申報

「暫繳申報」的期間是每年 9 月 1 日到 9 月 30 日。營所稅暫繳制度，目的不是要公司多繳稅，反而是減輕營利事業一次支付大額稅款的壓力，同時國庫能即時取得現金，便利國庫資金之調度。5 月營所稅結算申報的應納稅額，減除前一年度 9 月已暫繳的稅額，才是 5 月實際要繳納的營所稅。暫繳制度的缺點是公司在 9 月時需要預留一筆資金供繳納暫繳稅款。暫繳的申報方式有兩種，一種是「一般申報」（預估暫繳），另一種則是「試算申報」（試算暫繳）。

一般申報（預估暫繳）

預估暫繳，以下列公式計算暫繳稅額：

$$暫繳稅額 = 上一年度營所稅申報之應納稅額 \times \frac{1}{2}$$

若公司採一般申報預估暫繳，且暫繳稅額在新臺幣 2,000 元以下者，可以免辦暫繳（不需申報，亦不需繳款）。反之，若暫繳稅額高於新臺幣 2,000 元，則視是否有以投資抵減稅額、行政救濟留抵稅額及扣繳稅額抵減暫繳稅額。若有，則需辦理暫繳申報並繳納稅款。若無，則繳納稅款即可，免辦理申報。

試算申報（試算暫繳）

試算申報是以暫繳申報當年度前 6 個月的營業收入總額為基礎，並按照營所稅有關規定試算前半年的營利事業所得額，按當年度稅率 20%，

計算其暫繳稅額。簡單來說，計算方式與每年 5 月結算申報大致相同。相較預估暫繳，試算暫繳可以讓到前一年度賺錢但今年度上半年獲利不如預期的企業，在 9 月時少繳一點稅。

同時符合 4 項條件的營利事業，可採用試算申報：

（1）為公司組織之營利事業
（2）會計帳冊簿據完備
（3）經會計師查核簽證
（4）如期辦理暫繳申報

最後，將各種暫繳申報及繳款的情況整理如下表：

暫繳類型			申報	繳款
預估暫繳	暫繳稅額 ≦ 2,000 元		免	免
	暫繳稅額 > 2,000 元	未抵減暫繳稅額	免	要
		有抵減暫繳稅額	要	要
試算暫繳	—		要	要

所得稅扣繳

所得稅扣繳的基本概念

所得稅扣繳簡介

扣繳，指的是給付所得時將所得人應繳的所得稅預先扣下，並向國庫繳納後，填寫各類所得扣繳暨免扣繳憑單，向國稅局申報及送交所得人的程序。當公司要支付費用而未取得發票時（例如支付薪資、個人房東之租金、法律顧問費等），應特別注意是否有扣繳的義務。

公司支付費用，換句話說對方有所得。若所得為應扣繳所得且為我國來源所得時，公司負責人（扣繳義務人）必須於給付款項給所得人（納稅義務人）時，預先扣下稅款繳納國庫。扣繳不代表要多繳稅，所得人申報所得稅時其應納稅額可以減除扣繳稅款。

應扣繳之所得

當公司在支付款項時，不必然要辦理扣繳，在扣繳範圍之所得才有辦理扣繳的問題。常見的應扣繳之所得項目有：

（1）非居住者之營利所得：例如公司給付外資股東之股利。

（2）執行業務所得：例如公司給付律師之法律諮詢費。

（3）薪資所得：例如公司給付員工之薪資。

（4）利息所得：例如銀行給付公司之存款利息。

（5）租賃所得及權利金所得：例如公司給付個人房東之租金。

（6）競技、競賽及機會中獎之獎金或給與：例如公司辦理抽獎所給付之獎金。

（7）退職所得：例如公司給付之員工退休金、退職金與離職金。

（8）其他所得：個人以勞務出資取得閉鎖性公司之股權。

　　至於非屬扣繳的所得，最常見的為財產交易所得。舉例來說，買賣舊制房屋的所得，為財產交易所得，不須辦理扣繳。

居住者與非居住者

　　居住者，就像是《所得稅法》所定義的本國居民（稅務居民）。非居住者，就像是《所得稅法》所定義的外國居民。所得人為「居住者」或「非居住者」，適用的扣繳程序規定及扣繳率都不同！

　　自然人或法人，判斷是否屬於居住者的方式不同。自然人稅務居民身份，應依是否設有戶籍、居住（留）天數及生活及經濟重心是否在我國境內綜合判斷。而法人是否為居住者，以在我國是否有固定營業場所來判斷。

　　生活及經濟重心在中華民國境內，應衡酌個人之家庭與社會關係、政治文化及其他活動參與情形、職業、營業所在地、管理財產所在地等因素，參考下列原則綜合認定：

（1）享有全民健康保險、勞工保險、國民年金保險或農民健康保險等社會福利。

（2）配偶或未成年子女居住在中華民國境內。

（3）在中華民國境內經營事業、執行業務、管理財產、受僱提供勞務或擔任董事、監察人或經理人。

（4）其他生活情況及經濟利益足資認定生活及經濟重心在中華民國境內。

個人稅務居民身份判斷準則

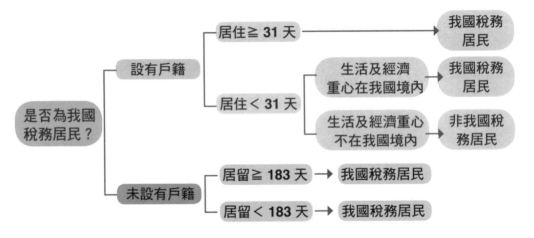

法人稅務居民身份判斷準則

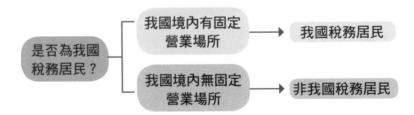

扣繳程序：扣、繳、填、報、送

公司辦理扣繳的程序可分為扣、繳、填、報、送：

扣	扣繳義務人給付所得時，將所得人應繳之所得稅款，依規定扣繳率預先「扣」下。
繳	將預先扣下之稅款在規定期間內向國庫「繳」納。
填	加總統計給付資料，「填」寫各類所得扣（免）繳憑單。
報	將各項扣繳書表，向稽徵機關辦理申「報」。
送	將扣（免）繳憑單分「送」給所得人。

扣：如何計算扣繳稅款？

扣，指的是公司在給付應扣繳所得時，將給付總額按規定的扣繳率扣取稅款。而扣取稅款後的給付淨額，即所得人實際領得的金額。

給付總額 × 扣 繳 率 ＝ 扣繳稅額

給付總額 － 扣繳稅額 ＝ 給付淨額

《各類所得扣繳率標準》，整理如下。如先前所述，所得人為「居住者」或「非居住者」，所適用扣繳率會不同！

所得類別所得人	居住者	非居住者
股利所得	個人、總機構在境內之營利事業：免扣繳	21%
執行業務所得	10%	20%
薪資所得	1.5% 2. 按薪資所得扣繳稅額表	1. 全月薪資給付總額在行政院核定每月基本工資1.5 倍以下者 6% 2.18%
（存款）利息所得	10%	20%
租賃所得及權利金所得	10%	20%
競技、競賽及機會中獎之獎金或給與	10%	20%
退職所得	減除定額免稅後按6% 扣繳	減除定額免稅後按 18% 扣繳
其他所得	1. 免扣繳（應列單） 2. 告發或檢舉獎金20% 扣繳	1. 個人：按 20％ 申報納稅 2. 營利事業：20％ 扣繳 3. 告發或檢舉獎金：20％ 扣繳

為使扣繳作業簡便，小額給付給我國居住者免予扣繳。我國境內居住之個人或營利事業如有扣繳範圍之所得，扣繳義務人每次應扣繳稅額不超過 2,000 元者免予扣繳，即免去了「扣」和「繳」兩項步驟。但屬分離課稅之所得，仍應依規定扣繳。

　　另外，由於給付居住者薪資所得的扣繳規定較為複雜，「按月給付之薪資」與「非每月給付薪資及兼職所得」的規定略有不同，且實務上也很常遇到，在此進一步列出薪資所得扣繳規定供讀者參考。

艾蜜莉小學堂

個人居住者取得「按月給付的薪資所得」時的扣繳規定

　　納稅義務人如為中華民國境內居住之個人，其取得之薪資所得可以按下列 2 種方式，由納稅義務人自行選定一種適用：

　　（1）已填寫員工薪資所得受領人免稅額申報表者，按月給付職工之薪資，依薪資所得扣繳稅額表上各所得級距對應之稅額來扣繳。

　　（2）未填寫員工薪資所得受領人免稅額申報表者，按全月給付總額扣取 5%。（起扣點為 40,020 元）。

　　而第一種方式的起扣標準，應參考國稅局每年公布最新版的「薪資所得扣繳稅額表」。108 年度無配偶及受扶養親屬之起扣標準為 84,501 元。

艾蜜莉小學堂

個人居住者取得「非每月給付薪資及兼職所得」時的扣繳規定

居住者取得獎金、津貼、補助費等非每月給付之薪資（如三節獎金、年終獎金、結婚、生育、教育之補助費及員工紅利等）及兼職所得，給付時未達薪資所得扣繳稅額表之起扣標準時（108 年度薪資所得扣繳稅額表無配偶及受扶養親屬之起扣標準為 84,501元），免予扣繳；給付時若達到起扣標準時，按其給付額扣取 5%，免併入全月給付總額扣繳。整理如下表：

	非每月給付之薪資及兼職所得	扣繳率
108 年度居住者之適用規定	≦ 84,500 元	免予扣繳
	＞ 84,500 元	5%

繳：繳款期限為何？

公司代扣稅款後，應在期限內製作扣繳稅額繳款書繳稅。扣繳繳款期限依所得人身份可概分為兩種情況：若所得人為境內居住者，包括境內居住的個人或在境內有固定營業場所的營利事業，則應於給付日的下個月10 日前繳款；若所得人為非境內居住者，則應於給付日起算 10 日內繳款。

	居住者	非居住者
繳款期限	給付日次月 10 日前	代扣稅款日起 10 日內

填：什麼是扣繳（免）憑單？

扣繳義務人除了扣繳之外，還要填寫各類所得扣繳暨免扣繳憑單，簡稱扣（免）繳憑單。扣（免）繳憑單的內容，可以分成3大類：

（1）所得類別：例如薪資所得、租賃所得等。
（2）所得人基本資料：所得人姓名（單位名稱）、身分證號（統一編號）、地址。
（3）給付及扣繳相關資訊：所得給付年度、給付總額、扣繳稅額與給付淨額等。

報：扣繳憑單申報的期限為何？

　　政府推行扣繳制度的目的之一，即是為了掌握課稅資料，並作為公司帳務及會計事項之勾稽，以降低稅局稽徵成本，因此先前所述每次應扣繳稅額不超過 2,000 元時雖免予扣繳，仍應列單申報該筆所得。例外的情況是，扣繳義務人對同一納稅義務人全年給付應扣繳所得不超過 1,000 元，可以免列單申報該所得。

　　各類所得扣（免）繳憑單申報期限，依居住者或非居住者有所不同，整理如下：

	居住者	非居住者
申報期限	1. 原則：給付日次年 1 月 31 日前申報 2. 例外：1 月遇連續 3 日以上國定假日者，延至 2 月 5 日前	代扣稅款之日起 10 日內

付費刊登臉書廣告,如何辦理扣繳申報?

依現行規定,給付所得給「在我國境內無固定營業場所或營業代理人之國外營利事業」應按給付總額之 20% 扣繳。由於臉書的付費條款載明國內廣告主須負責承擔及繳付交易適用的任何稅金,換言之,國內廣告主線上刷卡所支付之廣告費為「給付淨額」,反推的扣繳稅額其實是刷卡金額的 25%。

過去我國公司給付廣告費給臉書時,只能依上述規定辦理,對於國內企業相當不利。財政部在 107 年 1 月 2 日發布解釋函令,訂定「外國營利事業跨境銷售電子勞務課徵所得稅規定」,境外電商若提出申請並經核定其適用之淨利率及境內利潤貢獻程度者,得以我國來源收入依該淨利率及貢獻程度計算,按規定之扣繳率扣繳稅款。

臉書在 107 年 5 月間申請核准適用淨利率為 30%、我國境內利潤貢獻程度為 100%,使得扣繳率由 20% 降為 6%(淨利率 30%× 我國境內利潤貢獻程度 100%× 扣繳率 20%)。扣繳義務人必須在代扣稅款之日起 10 日內繳納扣繳稅款,並完成扣繳申報程序,相關文件如下:

(1)各類所得扣繳暨免扣繳憑單申報書。

(2)營利事業所得稅扣繳憑單(外國營利事業跨境銷售電子勞務專用)。

(3)營利事業所得稅扣繳稅額繳款書(自行繳納)(外國營利事業跨境銷售電子勞務專用)

送：將憑單交給所得人的期限為何？

扣繳義務人辦理扣繳憑單申報後，寄發扣繳憑單給各所得人的期限如下表。

	居住者	非居住者
期限	1. 原則：次年 2 月 10 日前 2. 例外：1 月遇連續 3 日以上國定假日者，延至 2 月 15 日前	代扣稅款之日起 10 日內

現行填發各式憑單採「原則免填發，例外予以填發」。若符合以下條件，可不必填發所得憑單予所得人：

（1）憑單填發單位在期限內（原則上是每年 1 月 31 日以前）完成申報免扣繳憑單、扣繳憑單、股利憑單等相關憑單。

（2）所得人為在中華民國境內居住之個人。

若符合以下例外情況，扣繳義務人仍應主動填發憑單予所得人：

（1）納稅義務人要求填發憑單。

（2）憑單所載的所得人為營利事業、機關、團體、執行業務事務所、信託行為之受託人。

（3）納稅義務人為「非中華民國境內居住」之個人。

（4）憑單填發單位逾期（原則上 2 月 1 日起即逾期）申報或更正的憑單。

個人股東股利所得稅

如先前所述，公司當年度有盈餘但不分配，會有額外的「未分配盈餘稅」。但如果公司分配盈餘呢？此時會有股東個人的所得稅。

107 年度起，個人股東獲配股利得採「股利所得合併計稅」或「以單一稅率 28% 分開計稅」申報。若選擇「股利所得合併計稅」，股利計入營利所得後，會連同當年度該股東的薪資所得等共 10 類所得，一併計入「綜合所得總額」。股利的 8.5% 可抵減稅額（每戶上限 8 萬元），抵減綜合所得稅之應納稅額。

綜合所得稅計算公式

綜合所得總額 → 營利所得、薪資所得等 10 大類綜合所得
− **免稅額** → 本人、配偶及受扶養親屬之免稅額
− **一般扣除額** → 標準扣除額或列舉扣除額，擇一減除
− **特別扣除額** → 薪資所得特別扣除額等 6 大類

= **綜合所得淨額** → 綜合所得總額減除免稅額及扣額後之淨額
× **適用稅率** → 依課稅級距、累進稅率及累進差額計算

= **應納稅額** → 應繳納之綜合所得稅額
− **扣繳稅額** → 已扣繳稅額
− **可扣抵稅額** → 採股利或盈餘合併計稅所計算之可抵減稅額

應繳（退）稅額 → 實際應繳納或退還之稅額

股利所得合併計稅

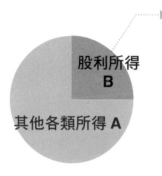

股利所得 B

其他各類所得 A

可抵減稅額

股利所得 × 8.5%（每戶上限 8 萬元）

計稅方式說明

1. 將所得 A、B 合併，依綜合所得稅相關規定計算出「應納稅額」（綜所稅稅率介於 5% ～ 40%）。

2. 「應納稅額」減除「可抵減稅額」（股利所得 × 8.5%）後，才是實際應繳納之稅額。

另一方面，若採「單一稅率 28% 分開計稅」，則是將股利所得從各類所得中拆分出來，以 28% 稅率單一計稅，其計稅方式如下圖：

單一稅率 28% 分開計稅

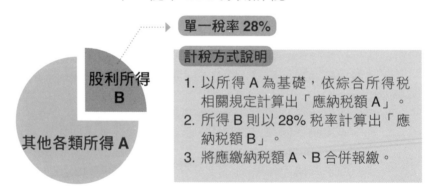

股利所得 B

其他各類所得 A

單一稅率 28%

計稅方式說明

1. 以所得 A 為基礎，依綜合所得稅相關規定計算出「應納稅額 A」。
2. 所得 B 則以 28% 稅率計算出「應納稅額 B」。
3. 將應繳納稅額 A、B 合併報繳。

若股東為非居住者時，則應由扣繳義務人依 21% 的扣繳率就源扣繳。舉例來說，若公司分配股利 100 元，公司應扣下稅款 21 元，股東取得剩下的 79 元。

Lesson 7

少繳稅的小撇步
新創企業不可不知的
租稅優惠

新創公司剛起步,資源有限不說,最缺的往往就是銀彈,其實,
如果能夠善用政府提供的各項租稅優惠,合法的少繳稅,也就
擁有更多的資金可運用於事業擴展。

新創企業必須在有限的資源下尋求企業發展，如果能夠善用政府提供的各項租稅優惠，合法的少繳稅，也就擁有更多的資金可運用於事業擴展。基於政策目的，政府對於新創募資、研發活動、攬才留才及技術移轉等活動，均有提供租稅優惠，新創企業應多多利用！

募資與投資的租稅優惠

天使投資人租稅優惠

　　新創公司多半資源有限，需要對外募資，取得壯大事業所須的資源。近幾年來政府積極創造友善新創的環境，其中一項，就是給予天使投資人租稅優惠，引導民間資金投入新創事業。

　　《產業創新條例》在 106 年增訂第 22 條之 2「天使投資人租稅優惠」❶，於 106 年 11 月 22 日公布施行，讓個人於 106 年 11 月 24 日至 108 年 12 月 31 日期間內投資國內新創事業金額的 50%，可於限額 300 萬元內自綜合所得總額中扣除。

---

❶ 個人以現金投資於成立未滿 2 年經中央目的事業主管機關核定之國內高風險新創

事業公司，且對同一公司當年度投資金額達新臺幣 100 萬元，並取得該公司之新發行股份，持有期間達 2 年者，得就投資金額 50% 限度內，自持有期間屆滿 2 年之當年度個人綜合所得總額中減除。該個人適用本項規定每年得減除之金額，合計以新臺幣 300 萬元為限。

前項個人之資格條件、高風險新創事業公司之適用範圍與資格條件、申請期限、申請程序、持有期間計算、核定機關及其他相關事項之辦法，由中央主管機關會同財政部定之。

簡單地說，要申請天使投資人租稅優惠，必須同時滿足以下 7 項資格條件：

投資人條件
· 以「個人」名義投資
· 以「現金」投資
· 對同一公司當年度投資金額達 100 萬元
· 投資持有期間達 2 年

＋

被投資公司條件
· 設立未滿 2 年
· 增資發行新股
· 屬主管機關核訂之「國內高風險新創事業」

名詞	定義
個人	符合《所得稅法》定之中華民國境內居住之個人
公司設立登記日	以公司設立登記表所示核准日或商工登記公示資料查詢服務網站所登載日期為準
持有期間	自取得被投資公司新發行股份日起計算
國內高風險新創事業	指自設立登記日起未滿 2 年，並符合下列各款條件之公司： 1. 其技術、創意或商業模式具創新性及發展性 2. 可提供目標市場解決方案或創造需求 3. 開發之產品、勞務或服務，具市場化之潛力

何謂「高風險新創事業」，可能人人看法不同，但要適用天使投資人租稅優惠，必須由新創公司主動申請，由經濟部工業局核定為「國內高風險新創事業公司」，才能符合資格。

　　在符合上述的資格條件後，新創公司在個人股東持有股份屆滿 2 年之次年 1 月底前，要向國稅局申請核發「個人股東投資自綜合所得總額減除證明書」，經核准後將「核准公文」及「個人股東投資自綜合所得總額減除證明書」轉發給個人股東，於個人報稅時檢附。

申請項目	審查機關	申請期限	應檢附文件
申請核定為「高風險新創事業公司」	經濟部工業局	108 年 12 月 31 日前	1. 公司設立登記證明文件 2. 營運計畫 3. 股東名冊及投資人持股相關資料 4. 其他相關證明文件
申請核發「個人股東投資自綜合所得總額減除證明書」	國稅局	公司經核定為高風險新創事業公司後，其個人股東持有股份屆滿 2 年之次年 1 月底前	1. 中央目的事業主管機關核發高風險新創事業公司核定函影本 2. 個人股東投資及持股證明文件，內容應包含投資金額、持股期間及持股異動情形 3. 其他有關證明文件

有限合夥組織之創業投資事業穿透課稅

資金取得為新創公司成功的關鍵，天使投資人以個人為主，其財力規模不比機構型投資人，當新創公司需要募集較高金額的資金時，勢必得仰賴創投基金。創業投資事業（Venture Capital）可匯集各界資金進而挹注至具發展潛力之新創公司。國際間創業投資事業多以有限合夥型態設立，做為集資的事業主體，最主要原因在於有限合夥事業體並非課稅主體，本身不課徵營利事業所得稅，課稅主體為合夥人。在稅制上，有限合夥猶如空氣一般被穿透，即所謂的「穿透課稅原則」（Pass-through Taxation）。

我國《有限合夥法》在制訂時，並未明定稅制規定，留給財政部進行解釋。但財政部認為，有限合夥應比照一般公司組織，課徵營利事業所得稅。此外，有限合夥將其投資獲利分配給合夥人時，視為合夥人的營利所得。原本免稅的證券交易所得反而變成應稅的營利所得，導致外資及個人資金對進入有限合夥事業興趣缺缺，而無法達到預期效果。

因此，除了「天使投資人租稅優惠」之外，《產業創新條例》在106年也增訂第22條之1「有限合夥組織創業投資事業之租稅優惠」，自106年11月22日施行，允許符合特定條件的創投事業採用國外已行之有年的透視個體概念課稅（穿透課稅），不但消除合夥人階段及有限合夥事業階段的重複課稅，更重要的是避免免稅之證券交易所得因有限合夥主體存在而轉變為應稅之營利所得的現象。

有限合夥之創投事業符合以下規定，得於設立之會計年度起10年內

（特殊情形得申請延長適用期間，延長之期間不得超過 5 年，並以延長 1 次為限）採穿透課稅：

（1）為 106 日 1 月 1 日至 108 日 12 月 31 日間依《有限合夥法》規定新設立，且屬《產業創新條例》第 32 條所定之創投事業。

（2）約定出資總額、實收出資總額及累計投資金額符合下列規定：

有限合夥	設立當年度	第二年度	第三年度	第四年度	第五年度
約定出資總額	3 億元	3 億元	X	X	X
實收出資總額	X	X	1 億元	2 億元	3 億元
累計投資金額	X	X	X	實收出資總額 之 30% 或 3 億元	實收出資總額之 30% 或 3 億元

（3）各年度之資金運用於我國境內及投資於實際營運活動在我國境內之外國新創事業公司金額合計達其當年度實收出資總額 50% 並符合政府政策。

（4）於設立次年之 2 月底前申請穿透課稅，經中央主管機關逐年核定。

新創事業公司，在此指的是依我國《公司法》設立之公司，或符合我國 PEM 規定的外國公司且在我國境內設立子公司或分公司，同時有限合夥創投事業取得該公司新發行股份時，公司設立未滿 5 年者。

當有限合夥之創投事業符合上述規定，無須繳納營利事業所得稅及未分配盈餘稅，不適用最低稅負制，以盈餘分配比率計算合夥人所得額，於合夥人階段課稅。合夥人為國內營利事業，不計入所得課稅。合夥人為個人或外國營利事業，源自創投事業的證券交易所得之營利所得免稅；其他之營利所得，依《所得稅法》規定課稅。

合夥人階段之課稅規定

合夥人 有限合夥 之所得	我國個人	我國公司	外國個人／公司
證券交易所得	免稅	不計入 所得額課稅	免稅
非證券交易所得	綜合所得稅 0～40% （營利所得）		就源扣繳21% （營利所得）

研究發展的租稅優惠

研發支出投資抵減

　　技術是企業成長重要的動力，也是產業創新、產業再造之關鍵因素，公司必須不斷投入於研究發展，提升技術能力，才能因應日益嚴峻的產業競爭環境。政府為鼓勵公司積極投入研究發展，以達到產業創新之目的，於《產業創新條例》及《中小企業發展條例》均明定獎勵措施，允許企業以研發支出投資抵減營利事業所得稅。

　　研發支出投資抵減的目的是為了鼓勵我國企業從事研發創新，因此租稅優惠適用上有以下幾項基本原則：

研發支出投資抵減的基本原則

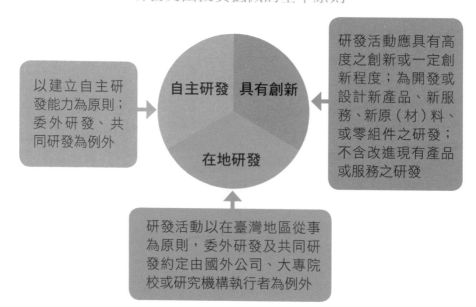

以建立自主研發能力為原則；委外研發、共同研發為例外

自主研發　具有創新

在地研發

研發活動應具有高度之創新或一定創新程度；為開發或設計新產品、新服務、新原（材）料、或零組件之研發；不含改進現有產品或服務之研發

研發活動以在臺灣地區從事為原則，委外研發及共同研發約定由國外公司、大專院校或研究機構執行者為例外

企業要適用研發支出投資抵減，在申請人資格、研發活動樣態、研發支出列報範圍，均有其規定要件。當要件均滿足時，企業可以擇一選擇「抵減率 15%、抵減 1 年」或「抵減率 10%、分 3 年抵減」的抵減方式。

研發支出投資抵減的適用規定

申請人資格	1. 公司或有限合夥 2. 最近 3 年內未違反環境保護、勞工或食品安全衛生相關法律且情節重大
限定之研發活動	1. 為開發或設計新產品、新服務或新創作之生產程序、服務流程或系統及其原型所從事之研發活動 2. 為開發新原料、新材料或零組件所從事之研發活動（不含為改進現有產品或服務之生產程序、服務流程或系統及現有原料、材料或零組件所從事之研發活動）
得列為研發支出	1. 專門從事研發工作全職人員之薪資 2. 具完整進、領料紀錄，並能與研究計劃及紀錄或報告相互勾稽，專供研發單位研究用之消耗性器材、原料、材料及樣品之費用 3. 專為研發購買或使用之專利權、專用技術及著作權之當年度攤折或支付費用【專案認定】 4. 專為用於研發所購買之專業性或特殊性資料庫、軟體程式及系統之費用【專案認定】

不得列為 研發支出	1. 研發單位之行政管理支出 2. 例行性之資料蒐集相關支出 3. 例行性檢驗之支出 4. 研發人員教育訓練費用之支出 5. 例行性開發市場業務之支出 6. 為確定顧客之接受度，從事試製所須耗用原料、材料之支出 7. 市場研究、市場測試、消費性測試、廣告費用或品牌研究支出 8. 專門從事研發工作全職人員之差旅費、保險費及膳雜費 9. 因銷售行為所支出之認證測試費用
抵減方式	1. 於支出金額 15% 限度內，抵減當年度應納營利事業所得稅額 2. 於支出金額 10% 限度內，自當年度起 3 年內抵減各年度應納營利事業所得稅額 （抵減稅額以當年度應納營利事業所得稅額 30% 為限；抵減方式於辦理當年度營利事業所得稅結算申報時擇定後，不得變更）

　　《產業創新條例》與《中小企業發展條例》的研發支出投資抵減的規定大致相同，主要差異在於申請主體、創新門檻及施行期間。《中小企業發展條例》之研發支出投資抵減不要求高度創新的門檻，僅要求一定創新程度，因此符合《中小企業認定標準》的公司應優先選擇申請《中小企業發展條例》的研發投資抵減。

	產業創新條例	中小企業發展條例
申請主體	公司或有限合夥	公司形態之中小企業
創新門檻	高度創新	一定創新程度
施行期間	至 108 年 12 月 31 日止	至 113 年 5 月 19 日止

艾蜜莉小學堂

《中小企業認定標準》第 2 條

　　本標準所稱中小企業，指依法辦理公司登記或商業登記，並合於下列基準之事業：

　　（1）製造業、營造業、礦業及土石採取業實收資本額在新臺幣 8,000 萬元以下，或經常僱用員工數未滿 200 人者。

　　（2）除前款規定外之其他行業前一年營業額在新臺幣 1 億元以下，或經常僱用員工數未滿 100 人者。

　　最後，如果當年度有研發支出而計劃申請投資抵減者，應在次年度的 2 月到 5 月間向中央目的主管機關（如經濟部工業局）提出申請，並於 5 月營利事業所得稅申報時依規定格式填報並檢附相關文件。

生技新藥研發及人才培訓支出投資抵減

　　為發展我國生技新藥產業，成為帶動經濟轉型的主力產業，同時促進生技新藥產業升級需要，政府給予投入研發及人才培訓的生技新藥公司更優惠的租稅減免方式。相較於《產業創新條例》及《中小企業發展條例》

的投資抵減,《生技新藥產業發展條例》的抵減年限更長且抵減比率更高。

《生技新藥產業發展條例》研發及人才培訓支出投資抵減,適用的對象為生技新藥公司,即生技新藥產業依《公司法》設立之研發製造新藥、高風險醫療器材及新興生技醫藥產品之公司。公司符合下列要件者,得檢具相關文件,向經濟部申請審定為「生技新藥公司」:

（1）從事生技新藥之研究、發展或臨床前試驗、依法規取得國內外目的事業主管機關許可進行生技新藥人體臨床試驗或田間試驗,或取得國內外目的事業主管機關發給之生技新藥上市或製造許可證明。但生技新藥之研究或發展工作全程於國外進行者,不適用之。

（2）提出申請年度之上一年度或當年度之生技新藥研究與發展費用,占該公司同一年度總營業收入淨額 5% 以上,或占該公司同一年度實收資本額 10% 以上。

（3）聘僱大學以上學歷生技新藥專職研究發展人員至少 5 人。

（4）最近 3 年內未違反環境保護、勞工或食品安全衛生相關法律且情節重大。

生技新藥公司得在投資於研究與發展及人才培訓支出金額 35% 限度內,自有應納營利事業所得稅之年度起 5 年內抵減各年度應納營利事業所得稅額;生技新藥公司當年度研究與發展支出超過前 2 年度研發經費

平均數，或當年度人才培訓支出超過前 2 年度人才培訓經費平均數者，超過部分得按 50% 抵減之。

　　簡單地說，生技新藥公司的抵減金額，可透過以下公式計算：

生技新藥公司抵減金額 ❷ ＝

（研發與人才培訓支出 ×35%）＋（研發與人才培訓支出－前 2 年平均支出）×（50% － 35%）

---

❷ 每一年度得投資抵減總額，以不超過該生技新藥公司當年度應納營利事業所得稅額 50% 為限。但最後年度抵減金額，不在此限。

攬才與留才的租稅優惠

獎酬員工股份基礎給付緩課所得稅

　　新創企業為了留任及激勵員工，常以股權方式獎酬員工。如第二章所介紹，原則上員工取得或可處分股票之年度，即應按當時之股票時價課稅。員工取得不具流通性的新創公司股票難以轉讓變現，且公司前景尚不明朗，員工先繳稅後股票未必能獲利，使得股權獎酬的美意大打折扣。

　　為配合協助產業留才攬才，《產業創新條例》明定給予獎酬員工股份基礎給付緩課所得稅的優惠。員工取得股票，在股票價值 500 萬元之限度內，可選擇當年度課稅或於實際轉讓年度課稅，一經擇定不得變更；超出 500 萬元的部分則依舊於取得股票日（或可處分日）之年度課稅。然而，若公司股票價值高漲，緩課所得稅反而是多繳稅，而不是優惠。107 年《產業創新條例》修法，允許自取得股票日起持有股票且繼續於公司服務累計

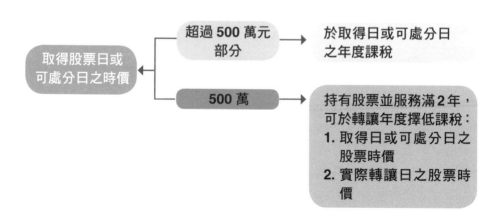

達2年以上的員工，在股票價值500萬元之限度內，可選擇在實際轉讓時，按轉讓日之股票時價或取得股票日（或可處分日）之股票時價，擇低課稅。

適用緩課所得稅優惠的「獎酬員工股份基礎給付」，包含以下5項：

（1）發給員工酬勞之股票
（2）員工現金增資認股
（3）買回庫藏股發放員工
（4）員工認股權憑證
（5）限制員工權利新股

考慮到國內公司常在集團間進行人力調動，員工於母子公司持股超過50%的母公司或子公司之工作年資，亦可合併計算。另外，雖然兼任經理人職務之董事長及董監事，公司亦可給予其股權獎酬，但無法適用此項緩課所得稅優惠。

發行獎酬員工股份基礎給付公司，必須於員工取得股票年度（或股票可處分日年度），填具員工擇定緩課情形及其他相關事項，送請主管機關備查並副知國稅局，才能適用緩課所得稅。同時，辦理員工取得股票當年度（或可處分日年度）營利事業所得稅結算申報時，檢附下列文件：

（1）中央目的事業主管機關之獎酬員工股份基礎給付備查函影本。
（2）董事會議事錄、股東會議事錄及公司登記或變更登記前、後之證明文件等增資資料（非屬增資者免附）。

（3）獎酬員工股份基礎給付相關文件，內容應包含取得股票種類、每股發行價格及股數。

（4）公司員工擇定適用緩課所得稅聲明書。

此外，公司員工取得股票並於限額內選擇全數緩課所得稅者，公司應自員工取得股票年度（或股票可處分日年度）起至所得人之所得課稅年度止，於辦理各年度營利事業所得稅結算申報時，依規定格式填報營利事業所得稅結算申報書及租稅減免明細表。

最後，公司員工適用「擇低課稅」者，發行獎酬員工股份基礎給付之公司還必須於員工持有股票且繼續服務屆滿 2 年之年度，檢送員工持有股票且繼續服務累計達 2 年以上之證明文件，送請主管機關備查並副知國稅局。《產業創新條例》的獎酬員工股份基礎給付緩課所得稅優惠，目前施行至 108 年 12 月 31 日止。

除《產業創新條例》之外，《生技新藥產業發展條例》對於認股權憑證亦有類似緩課稅規定。生技新藥公司經董事會特別決議，並經主管機關核准後，得發行認股權憑證予高階專業人員或技術投資人，認購價格可不受不得低於票面金額之限制，但不得轉讓。生技新藥公司高階專業人員及技術投資人執行認股權取得之股票，免予計入該高階專業人員或技術投資人當年度所得，可於實際轉讓時以轉讓價格扣除取得成本，申報課徵所得稅。

增僱員工薪資費用加成減除

臺灣的中小企業占全部企業之比重高達 97%，為了提振國內不景氣期間的就業狀況，政府期望藉由提供中小企業租稅誘因，進而鼓勵中小企業增僱員工。當國內經濟指數達一定情形下（行政院主計總處按月發布之失業率連續 6 個月高於一定數值），符合資格之中小企業得自經濟部公告之生效日起 2 年內適用本項優惠；截至目前為止，兩次租稅優惠適用期間分別為：103 年 5 月 20 日至 105 年 5 月 19 以及 105 年 5 月 20 日至 107 年 5 月 19 日。由於第二次適用期間效期已過，中小企業主若要申請本項優惠，應多加留意後續公告。

增僱員工薪資費用加成減除之適用對象，包括辦理公司或商業登記，並合於《中小企業認定標準》第 2 條之事業，但不包括：免課徵營所稅之小規模營利事業、外國分公司；除此之外，國稅局也會要求企業簽立切結書，聲明相關法律責任。舉例而言，企業必須聲明其行業性質非屬經營舞廳、舞場、酒家、酒吧、特種咖啡茶室或是人力派遣服務業。符合上述資格之中小企業，方能進一步根據相關要件提出申請。

增僱員工薪資費用加成減除優惠之申請要件，整理如下：

增僱員工薪資費用加成減除優惠之申請要件	
登記要求	自中央主管機關公告經濟景氣指數達一定情形之生效日起，依法完成公司或商業設立登記或增資變更登記
資本門檻	1. 新投資創立之實收資本額或增資擴展之增加實收資本額達 50 萬元
	2. 企業淨值應為正值（即資產負債表之權益總額 >0）
增僱人數門檻	1. 當年度自公告經濟景氣指數達一定情形之生效日起，增僱 2 人以上本國籍員工
	2. 當年度本國籍員工勞工保險平均月投保人數較前一會計年度本國籍員工勞工保險平均月投保人數增加 2 人以上
增僱給薪門檻	1. 當年度增僱本國籍員工後之整體薪資給付總額高於比較薪資水準總額 ❸
	2. 增僱本國籍員工之薪資相當或高於當年度中央勞動主管機關公告之基本工資

❸ 比較薪資水準總額＝前一年度整體薪資給付總額＋前一年度整體薪資給付總額 ×（當年度增僱經常僱用員工數／前一年度經常僱用員工數）× 30%

　　符合上述要件之中小企業，即可申請適用增僱員工薪資費用加成減除優惠，於增僱員工之年度加成減除 30% 的薪資費用，如果員工在 24 歲以下，則可加成減除 50% 的薪資費用。舉例而言，紅海公司當年度收入為 1,000 萬元，且增僱了 24 歲以下的員工給薪 100 萬元、增僱其他員工給薪 200 萬元，假設紅海公司符合本優惠之各項申請條件且無其他成本及費用，則其課稅所得額計算如下：

	收入		1,000 萬元
－	加成後薪資費用 ➡	－	410 萬元（＝100 萬元 x 150% ＋ 200 萬元 x 130%）
＝	營所稅所得額	＝	590 萬元

打算申請優惠之中小企業，應於辦理當年度營利事業所得稅結算申報時，依規定格式填報並檢附相關文件，送請公司或商業登記所在地之國稅局核定其加成減除之數額。

增僱員工薪資費用加成減除申請流程圖

經濟部公告經濟景氣指數達一定情形，適用期間 2 年內。

符合適用主體之規定：
1. 辦理公司或商業登記
2. 符合《中小企業認定標準》第 2 條
3. 聲明切結相關法律責任

符合申請要件之規定
1. 登記要求
2. 資本門檻
3. 增僱人數門檻
4. 增僱給薪門檻

於辦理當年度營利事業所得稅結算申報時，依規定格式填報，並檢附相關文件，送請國稅局核定。

增僱本國籍員工所支付之薪資費用得加成 30% 或 50%，自當年度營利事業所得額中減除。

最後，企業主應特別留意，上述加成減除之薪資費用部分，應計入營利事業當年度之基本所得額。除此之外，儘管本項租稅優惠之適用期間為兩年，中小企業僅可在符合條件之年度適用。換句話說，若企業於第二年度時不再增僱 2 人以上的本國籍員工或不符合其他申請要件，則第二年度將無法適用薪資費用加成減除之優惠。

員工加薪費用加成減除

中小企業攬才及留才的租稅優惠，除了增僱員工薪資費用得以加成減除以外，政府為了鼓勵企業調高基層員工的平均薪資水準，對於現職基層員工的加薪費用亦提供加成減除的優惠。

當經濟指數達一定情形下（根據行政院主計總處按月發布之失業率連續 6 個月高於一定數值），符合資格之中小企業得自經濟部公告之生效日起 2 年內適用本項優惠；然而，最近一次優惠適用期間為 105 年 1 月 1 日至 106 年 12 月 31 日，企業若要申請本項租稅優惠，應留意後續公告。

員工加薪費用加成減除之適用對象，如同增僱員工薪資費用加成減除之規定，指依法辦理公司或商業登記，並合於《中小企業認定標準》第 2 條之事業，但不包括：免課徵營所稅之小規模營利事業、外國分公司；除此之外，企業亦必須簽立切結書，聲明相關法律責任，方能適用本項優惠。

員工加薪費用加成減除優惠之申請要件，整理如下：

員工加薪費用加成減除優惠之申請要件	
員工資格	基層員工，指與中小企業簽訂不定期契約之月平均經常性薪資 5 萬元以下之本國籍員工 ❹
加薪門檻	1. 自公告經濟景氣指數達一定情形之生效日起，當年度平均薪資給付水準應高於前一年度平均薪資給付水準 ❺
	2. 僅限非因法定基本工資調整而增加支付本國籍基層員工經常性薪資金額之部分

❹ 指按月給付之本薪、固定額度之津貼及獎金；如以實物方式給付，應按實價折值計入。

❺ 平均薪資給付水準＝該年度基層員工經常性薪資給付總額／該年度每月基層員工人數合計數。

符合上述要件之中小企業，即可申請適用本項優惠，就增加支付本國籍基層員工經常性薪資金額的部分，加成 30% 自當年度營利事業所得額中減除。舉例來說，萍果公司在適用期間內為基層員工加薪而增加了 100 萬元薪資費用，適用優惠後就能以 130 萬元來減除營所稅所得額。

打算申請優惠之中小企業，應於辦理當年度營利事業所得稅結算申報時，依規定格式填報並檢附相關文件，送請公司或商業登記所在地之國稅局核定其加成減除之數額。最後，中小企業若適用本優惠，應留意上述加成減除之薪資費用部分，應計入營利事業當年度之基本所得額。

外籍專業人士特定生活補助免列個人應稅所得

　　人才與技術，是新創公司重要的競爭力來源。許多新興技術都來源於國外，延攬國外專業人才藉以引進最新國外技術，不失為掌握技術競爭力的一種方式。企業為吸引外籍專業人士來臺工作，除了提供較優渥的薪資之外，並常給與旅費、搬家費、水電瓦斯費、電話費、租金等補貼。原則上，各項補貼應為外籍專業人士之應稅所得，但若補貼符合《外籍專業人士租稅優惠之適用範圍》時，可不必列為個人應稅所得。就企業而言，補助之支出也可以費用列帳，有利於企業延攬外國專業人才。

　　公司打算聘僱外籍專業人士，應先依《就業服務法》第 46 條及第 48 條規定向勞動部勞動力發展署申請許可，並取得核發之外籍人士工作許可函；除此之外，符合租稅優惠適用範圍的外籍專業人士，尚須符合以下要件：

外籍專業人士租稅優惠申請要件	
專業工作領域	外籍專業人士從事下列工作者為限： 1. 營繕工程或建築技術工作 2. 交通事業工作 3. 財稅金融服務工作 4. 不動產經紀工作 5. 移民服務工作 6. 律師、專利師工作 7. 技師工作 8. 醫療保健工作 9. 環境保護工作 10. 文化、運動及休閒服務工作 11. 學術研究工作 12. 獸醫師工作 13. 製造業工作 14. 流通服務業工作 15. 華僑或外國人經政府核准投資或設立事業之主管 16. 專業、科學或技術服務業之經營管理、設計、規劃或諮詢等工作 17. 餐飲業之廚師工作 18. 其他經主管機關指定之工作
國籍限制	兼具我國國籍及其他國家國籍之雙重國籍者不得適用
居留天數門檻	同一課稅年度在臺居留合計須滿 183 天
應稅薪資門檻	全年取自我國境內外雇主給付之應稅薪資須達 120 萬元（除經財政部專案審查認定者，得不受限制）

符合《外籍專業人士租稅優惠之適用範圍》時，雇主為延攬外籍專業人士，依聘僱契約約定所支付之以下費用，得由營利事業列支費用，並免列為外籍專業人士之應稅所得。

	支出類別		營利事業列支科目	外籍專業人士所得歸屬
1	本人及眷屬來回旅費		當期費用（旅費）	免視為薪資所得
2	工作至一定期間依契約規定返國渡假之旅費	本人（實報實銷）	當期費用（旅費）	免視為薪資所得
		眷屬（補助性質）	薪資支出	併入薪資所得
3	搬家費、水電瓦斯費、清潔費、電話費		當期費用	免視為薪資所得
4	租金、租賃物修繕費		租金支出	免視為薪資所得
5	子女獎學金		當期費用	免視為薪資所得

最後，雇主在辦理結算申報時，應記得於申報書內填寫「給付符合《外籍專業人士租稅優惠之適用範圍》規定之費用明細」，且相關費用應取得、保存相關憑證，方能以費用列帳。

外國特定專業人才薪資所得減免課稅

臺灣近年來在吸引國際人才上不遺餘力，除了上述《外籍專業人士租稅優惠之適用範圍》外，《外國專業人才延攬及僱用法》亦在 107 年 2 月 8 日施行，其中對於外國特定專業人才提供了薪資所得減免課稅的租稅優惠。

從事專業工作且符合一定條件之外國特定專業人才，在我國無戶籍並因工作而首次核准在我國居留者，或取得就業金卡在就業金卡有效期間受聘僱從事專業工作者，於首次符合在我國居留滿 183 日且薪資所得超過新臺幣 300 萬元之課稅年度起算 3 年內，其各該在我國居留滿 183 日之課稅年度薪資所得超過新臺幣 300 萬元部分之半數免予計入綜合所得總額課稅。除此之外，海外所得亦不必計入個人基本所得額計算基本稅額。

值得注意的是，若外國特定專業人才在 3 年期間，有未在我國居留滿 183 天或薪資所得未超過 300 萬元之情形，本租稅優惠可遞延至往後符合條件之年度，但遞延留用期間最多為 5 年。

艾蜜莉小學堂

什麼是就業金卡？

　　就業金卡是政府為配合《外國專業人才延攬及僱用法》所推出，相關申請辦法為《外國特定專業人才申請就業金卡許可辦法》。就業金卡整合了來臺工作之必要證件，包含工作許可、居留簽證、外僑居留證以及重入國許可等四證合一，讓外籍人士不用逐一到各機關辦理。

　　就業金卡的有效期限為 1 年到 3 年，持有人可以享有以下優惠：

（1）無須受一定雇主聘僱

（2）享有所得稅優惠

（3）直系尊親屬探親簽證停留期間放寬為最長 1 年

（4）就業金卡持有人之配偶及未成年子女得申請依親在臺居留

（5）參加全民健康保險不受居留滿 6 個月才能申請之限制

技術移轉的租稅優惠

研發支出加倍減除

為促進創新研發成果之流通及應用，我國個人、公司或有限合夥事業在其讓與或授權「自行研發」所有之智慧財產權取得之收益範圍內，得就當年度研究發展支出金額 200% 限度內自當年度應課稅所得額中減除。但公司或有限合夥事業必須就「研發支出加倍減除」與「研發支出投資抵減」擇一適用。

我國個人、公司或有限合夥事業應於當年度所得稅結算申報期間開始日 2 個月前（即 2 月底前），檢附文件向受讓或被授權人之中央目的事業主管機關申請認定當年度研究發展活動；公司或有限合夥事業於辦理當年度所得稅結算申報時，應依規定格式填報送請國稅局核定減除金額。

智慧財產權作價入股緩課所得稅

科技新創公司的團隊成員許多是技術出身，當公司成立後，股東擁有的智慧財產權可能需要讓與或授權給公司使用。智慧財產權作價入股，可讓資源較不充沛的新創公司保留資金，同時讓團隊成員取得股票，與公司利益一致。但是這個看似雙贏的方案，卻可能因為稅務問題而破局。

技術股股東於「取得」技術作價入股的股份時，技術抵繳股款的金額與成本之間的差額，須計入技術股股東當年度的「財產交易所得」，課徵

綜合所得稅。技術股股東尚未實際轉讓取得現金就必須先繳稅，還要承擔日後股價波動的風險，多數人都難以接受。有鑑於此，《產業創新條例》、《中小企業發展條例》及《生技新藥產業發展條例》對於技術作價入股，均有給予緩課所得稅的優惠，將課稅時點由股票「取得時」延至「轉讓時」。

研發支出加倍減除之內容說明	
申請人資格	1. 具有我國國籍之人 2. 依《公司法》設立之公司，或依《有限合夥法》組織登記之有限合夥事業，且最近 3 年內未違反環保護、勞工或食安衛生相關法律且情節重大
受讓或被授權人條件	以企業、國內大專校院或研究機構為限。國內研究機構，包括政府之研究機關（構）、中央衛生主管機關評鑑合格之教學醫院、經政府核准登記有案以研究為主要目的之財團法人、社團法人及其所屬研究機構
減除金額	1. 讓與或授權自行研發所有之智慧財產權取得之收益範圍內，以「當年度」研發支出金額 200% 減除當年度應課稅所得額 2. 減除金額不得超過收益金額
施行期限	108 年 12 月 31 日止

智慧財產權作價入股緩課所得稅規定比較

	產業創新條例	中小企業發展條例	生技新藥產業發展條例
適用對象	我國個人、公司或有限合夥事業	中小企業或個人	高階專業人員及技術投資人
智財權來源	自行研發	不限自行研發	參與生技新藥公司之經營及研究發展，並分享營運成果
技術移轉	讓與或授權	讓與	
受讓或被授權人	自行使用之公司	非屬上市、上櫃或興櫃公司	
股票來源	新發行股票		
課稅時點	實際轉讓時		
所得計算	股票轉讓價格扣除成本費用		
成本認定	個人得以轉讓價格之30%認定成本	中小企業或個人得以轉讓價格之30%認定成本	技術投資人得以轉讓價格之30%認定成本
申報義務	1. 發行股票公司應於交付股票次日起2個月內，檢附相關文件向中央目的事業主管機關申請認定適用緩課 2. 發行股票公司應於股東轉讓或辦理帳簿劃撥之年度、或緩課期間屆滿年度之次年度1月31日前，向國稅局列單申報已轉讓、辦理帳簿劃撥或屆期尚未轉讓之股份資料	1. 股票發行公司應於公司登記主管機關核准智慧財產權作價入股增資函之日起至次年度5月底前，檢附證明文件向國稅局申請個人或中小企業免徵所得稅 2. 股票發行公司於辦理股票移轉過戶手續時，應於移轉過戶之次日起30日內向國稅局辦理緩課股票憑單申報	發行公司於辦理股票移轉過戶手續時，應於移轉過戶之次日起30日內，向國稅局辦理緩課股票憑單申報
施行期間	至108年12月31日止	至113年5月19日止	至110年12月31日止

雖然課稅時點由股票「取得時」延至股票「轉讓時」,但收入的認列,也由「取得時」的股票時價變成「轉讓時」的股票時價。換句話說,如果公司價值一路高漲,原本免稅的證券交易所得反而變成應稅的財產交易所得,要繳的所得稅也會一路高漲,緩課稅的優惠反而變成多繳稅。

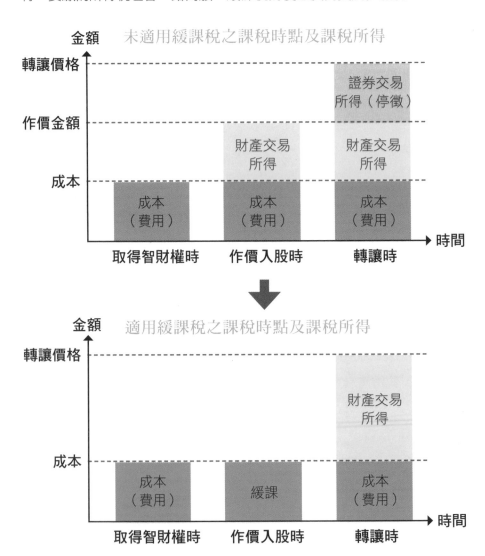

未適用緩課稅之課稅時點及課稅所得

適用緩課稅之課稅時點及課稅所得

營利事業所得稅盈虧互抵

為瞭解企業各階段的經營成果，會計上將企業生命週期以「年」為單位，劃分各個會計年度。政府以會計年度為單位，要求企業結算申報當年度的所得稅。同一年度內跨月份的盈虧可互抵後計算當年度損益，據此課徵所得稅，跨年度間的盈虧本應可互抵才是。營利事業所得稅中的盈虧互抵制度是計稅的一般原則，嚴格來說並非租稅優惠，但對於新創公司來說，可能是最常見節稅小撇步，因此在本章一併介紹。

營利事業符合以下四大要件，可適用盈虧互抵，企業虧損可於未來 10 年內扣抵：

（1）公司組織
（2）會計帳冊簿據完備
（3）虧損及申報年度均經會計師查核簽證或使用藍色申報書
（4）如期申報營利事業所得稅

「會計帳冊簿據完備」，指的是營利事業虧損及申報年度均應符合會計帳冊簿據完備，也就是公司應依《所得稅法》、《稅捐稽徵機關管理營利事業會計帳簿憑證辦法》、《商業會計法》及《商業會計處理準則》等相關法令規定，設置帳簿記載，並依法取得憑證。

「會計師查核簽證申報」，指依《會計師代理所得稅事務辦法》第 13 條第 1 款規定，公司須提出簽證申報查核報告書、相關書表及附件等資料，以供稽徵機關查核。

　　「如期申報營利事業所得稅」，指虧損及申報扣除年度應於 5 月底前辦理結算申報並繳稅外，以網路辦理之會計師簽證案件之查核簽證報告書及相關附件要在 6 月底前寄送至國稅局。

數字管理學
新創企業的經營決策與績效管理

對於一個企業的創辦人而言，事業構想或產品肯定是焦點所在，然而只有想法卻無正確作法或規劃，並不足以支持一個企業的成長發展。企業要走得長遠，各項重大營運決策，與決策後的經營績效管理，具有關鍵影響力！

　　對於一個創業家來說，事業構想或產品往往是其聚焦所在，然而，徒有美好的想法或產品並不足以支持一家企業的發展，正如一座穩固的城堡必須由扎實的地基撐起。新創企業是否能走得長遠，各項重大營運決策的制定具有關鍵影響力，決策後之執行必須配合相關經營績效管理制度，方能適時修正並取得未來決策所須的營運數據。

　　許多新創企業及中小企業的決策機制，過度仰賴企業主個人主觀意識。當企業規模尚小或對所營業務嫻熟時，或許尚可憑藉企業主個人智慧，但當企業規模漸長或須探索全新領域時，理性決策機制並搭配經營績效管理制度，才能讓創業這條路走得長久！

　　本章涵蓋新創企業常見的經營決策議題，從利潤管理、存貨管理、資本支出決策以及資金管理等四個面向切入，最後介紹企業經營績效管理制度，並列舉幾個常見的經營績效指標供讀者參考。

利潤管理

　　利潤是企業發展的核心指標，不只是企業主，投資人和債權人也十分關心。簡單地說，利潤為收入減去成本及費用後的盈餘，其中收入的多寡與企業的訂價策略極為攸關，因此本節將從產品訂價方法開始，再介紹成本的種類及如何分析損益兩平點。

訂價策略

股神巴菲特曾說過：「評估企業唯一重要的決定性因素，就是訂價能力。」一個產品能否為公司帶來獲利，其訂價策略扮演至關重要的角色，因為產品定價直接影響消費者的購買意願及所支付的金額，進而決定企業的收入。

商品的訂價，是一個困難的決策，訂得太高可能有行無市，訂得太低則可能不敷成本。目前多數公司採用下列三種產品訂價方式，分別為「成本基礎訂價法」、「消費者基礎訂價法」以及「競爭基礎訂價法」。

「成本基礎訂價法」最為常見的為「成本加價法」，這種訂價方式顧名思義就是以產品的單位成本作為基礎，再加上一定成數後，做為產品的定價。舉例來說，某產品單位成本為 50 元，以成本加成 20%，其產品定價為 60 元。

第二種訂價方式為「消費者基礎訂價法」，此方法是指企業考量市場對於產品的需求狀況和消費者對於產品的主觀認知，所決定出來的產品定價，又可以細分為「超值訂價法」以及「知覺價值訂價法」，其說明如下：

	超值訂價法	知覺價值訂價法
定義	訂出比消費者預期更為低廉的價格，藉以提高產品的買氣	以消費者對產品的認定價值作為訂價的依據，通常適用於炫耀性產品
釋例	量販店的「天天低價」促銷方案，建立消費者「哪時去都能撿到優惠」的消費認知	珠寶商往往會藉由廣告行銷的方式，塑造品牌首飾的高雅形象，藉以提高產品的價格

第三種訂價方式為「競爭基礎訂價法」，顧名思義是指企業參考競爭對手的價格而隨之調整自己產品的售價，其策略方法整理如下：

	低於競爭者售價	高於競爭者售價	等於競爭者售價
定義	無論競爭者的售價為何，自家產品的定價永遠低於競爭者	無論競爭者的售價為何，自家產品的定價永遠高於競爭者	與競爭對手的產品同步定價，隨對手產品的定價調高或調低價格
說明	用以提高產品的市場占有率，擴大產品的銷售量	以高價賺取高利潤，但必須確保產品具有相對優勢，通常適用於已建立起品牌價值的企業	通常必須與競爭對手的產品實力相當，否則難以看出此訂價策略的效用

除了上述三種訂價方法外，企業對於新產品進入市場亦有兩種主要行銷策略，分別稱作「滲透策略」及「吸脂策略」，在產品進入市場初期，藉由訂定較低或較高的售價來達成預期的目的，相關的介紹整理如下：

	滲透策略	吸脂策略
定義	在產品進入市場初期，將產品價格訂得很低	在產品進入市場初期，將產品價格訂得較高
說明	用以提高產品的市場占有率，擴大產品的銷售量	以高價賺取高利潤，以確保投入之成本能夠儘早回收
釋例	小米手機以較低的價格推出新機種，以達到薄利多銷的目的，初期利潤不高，然而一旦開拓了市場，成功排除其他的競爭者，則中長期的利潤仍然可觀	iPhone 往往以高價推出新機種，藉由打造高質感與高規格的品牌形象，吸引忠實的顧客群，即便訂價高昂，買氣仍然不減，利於短期內回收成本

值得注意的是，「滲透策略」與「吸脂策略」各有其優缺點，企業主應當審慎評估其產品定位再作出訂價決策。舉例而言，「滲透策略」可以藉由高銷售量達到規模經濟，並建立起穩固的市場地位，但一旦低價品牌形象深植人心，未來產品漲價的空間也可能會受到限制；而「吸脂策略」的優勢為快速回收新產品的研發成本，且未來具有調降價格的策略空間，但缺點是可能錯失搶占市場的先機，若缺乏品牌或技術的不可取代性，高價也只是曇花一現。

損益兩平點分析

　　決定商品的訂價後，企業主的下一個問題通常是：「要做到多少業績才能與成本費用打平呢？」損益兩平點（Break-even Point），是總收入等於總成本的時點，此時的利潤剛好為零。損益兩平點是企業開始獲利的起點，當企業的銷售量超過損益兩平點便能獲利，若銷售量低於損益兩平點，則會產生虧損。

　　要找出損益兩平點，除了售價資訊外，必須對成本有進一步的認識。成本依是否隨銷售量變動，可區分為固定成本與變動成本。固定成本不因銷售量變動而增減，常見的有房租、設備資本支出、定期維修費用與管理職薪資。變動成本會隨銷售量變動而增減，常見的有原物料成本與兼職作業人員薪資。

變動成本及固定成本與銷售量之關係圖

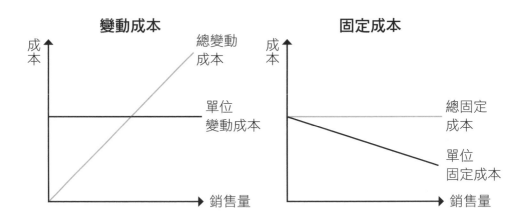

最後，我們舉例說明損益兩平點之計算。假設熊大打算開一間夢想咖啡廳，每杯咖啡的售價訂為 60 元，變動成本為咖啡豆成本每杯 20 元，固定成本為店面租金 50,000 元及咖啡機租金 2,000 元。咖啡廳的總收入及總成本，可以用以下公式表達：

總收入 ＝ 咖啡銷售量 × $60

總成本 ＝ $52,000 + 咖啡銷售量 × $20

因為損益兩平點為總收入等於總成本的時點，透過計算可以得知咖啡銷售量達 1,300 杯時，咖啡廳可以損益兩平。

咖啡銷售量 × $6 ＝ 52,000 + 咖啡銷售量 × $20

➡ 咖啡銷售量 ＝ 1,300 杯

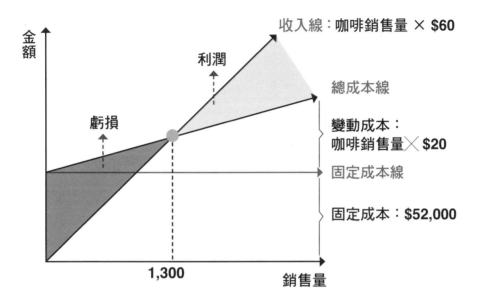

我們可以將損益兩平點分析與前述訂價方法綜合運用，分析不同定價下的損益兩平點。例如售價提高，收入線將更為陡峭，在成本結構不變的情況下，咖啡廳能以較低的銷售量達到損益兩平的目標，但如果僅講求高價銷售以快速達到損益兩平點而忽略消費者是否買單，則可能導致企業根本無法損益兩平的窘境。企業應該選擇薄利多銷或是高價銷售，仍必須視企業的產品性質與品牌形象而定。

企業的成本結構（固定成本與變動成本的相對比重）與其所屬產業有密切相關，但同一產業的不同公司，也可能因為營運策略差異有不同的成本結構。當企業具有高固定成本及低變動成本時，其營運槓桿較大，只要銷售狀況稍有變動，便會導致利潤大幅變動。景氣不佳或經營狀況不佳時，高營運槓桿之企業因固定成本難以回收，較容易發生虧損。創業初期

資金有限且收入不穩定，新創企業可思考降低固定成本以降低營運槓桿及損益兩平點，例如透過以租代購辦公設備、生財器具、企業用車等固定資產，不但可活化企業資金，並可使企業能早日轉虧為盈。

存貨管理

在討論完利潤管理以後，我們要介紹與製造業、買賣業息息相關的存貨管理。「存貨乃必要之惡」一語道出了存貨管理的難度與必要性，存貨過多可能造成資金的積壓，反之，存貨不足則有缺貨的風險。存貨管理最主要的兩個問題是最佳訂購數量及最佳訂購時點的決定，因此本節為讀者介紹存貨管理中的兩個重要觀念：「經濟訂購量」與「再訂購點」。

經濟訂購量

存貨管理成本可分為「訂購成本」及「持有成本」。訂購成本，指從發出訂單到收到存貨整個流程中所付出的相關成本，包含訂單處理成本、運輸費、保險費以及裝卸費等支出。此項成本與訂購次數有關，每訂購一次即發生一次訂購成本，故訂購次數越多，其成本越高。持有成本，指持有存貨所產生的儲存及管理存貨之成本，存貨的數量越多或價值越高，其持有成本越高。

經濟訂購量，或稱最佳訂購量，指使每年存貨管理成本最小化的每次存貨訂購數量。如果公司每次均少量進貨，因進貨量少，平均存貨較低，則持有成本較低，但會較頻繁進貨，致較高的訂購成本；反之，如果公司每次均大量進貨，因進貨量大，平均存貨較高，則持有成本較高，但採購頻率較低，訂購成本較低。

　　為了幫助讀者理解，我們以下圖來說明：其中曲線 A 為年度訂購成本，其年度成本會隨著每次的訂購量增加而下降；直線 B 為年度持有成本，隨著每次的訂購量增加而遞增；將 A、B 兩線相互疊加得到曲線 C，也就是年度存貨管理總成本，其最低點落於訂購成本線與持有成本線的交會處，即年度訂購成本與年度持有成本相等時的訂購量就是「經濟訂購量」。透過運用經濟訂購量的觀念，企業主可有效降低存貨管理成本。

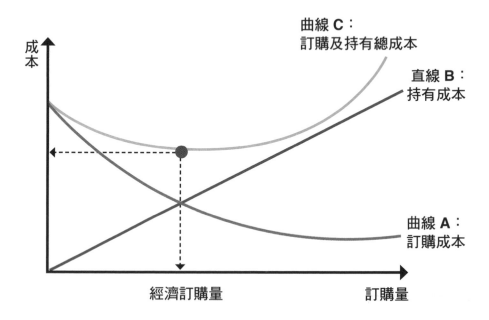

經濟訂購量圖示

再訂購點

　　企業透過上述觀念決定經濟訂購量後，下一個問題便是「何時訂購」？再訂購點，或稱訂購點，為企業主分析何時為補貨的最佳時點。再訂購點的決策，必須考量「前置期間」及「存貨耗用率」。前置期間，指的是從發出訂購單到收到存貨所需的時間。存貨耗用率，指存貨耗用速率。

再訂購點 = 前置時間 x 存貨耗用率

　　舉例來說，公司每週耗用 200 單位的存貨，而前置期間為 2 週，那麼再訂購點為 400 單位，即當存貨數量剩下 400 單位時，就必須發出訂購單。

再訂購點圖示

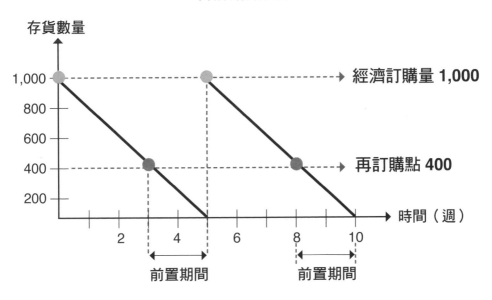

以上釋例是建立在理想的情況下，如果貨物延遲送達或存貨耗用率超出預期等狀況，庫存可能提早耗盡，有鑑於此，企業通常會再預留一部分的「安全存量」以備不時之需。延續上述案例，假設公司評估過去數據，供應商最多只會拖延一週出貨，那麼安全存量可以設定在 200 單位。安全存量原則上不會動用，僅保留以因應非預期之狀況，只要供應商延遲出貨的時間不超過一週，企業都有餘裕加以因應。因考量備有這 200 單位的安全存量，原先的再訂購點 400 單位會隨之增加至 600 單位。

資本支出決策

公司的資金除了用來購置存貨及支應日常營運開支外，對於正在擴張規模的企業而言，也會投入相當大的比例購置或維護具長期經濟效益的固定資產（如廠房、設備）或無形資產，即所謂的「資本支出」。資本支出的金額通常相當龐大，因此企業必須評估當下的資本支出金額及預估未來可產生的現金流入來決定是否值得進行該項投資計畫。資本支出評估的方法最常見的有回收期間法、淨現值法與內部報酬率法。

回收期間法

回收期間法（Payback Period Method），指的是公司在投資計畫進行之初投入成本後，預期可回收此成本所需的年數。舉例來說，聯發公司的擴廠計畫在開始之初須投入 5,000 萬元，未來每年可以產生 1,000 萬元的現金流入，則回收期間為 5 年。回收期間法是衡量投資計畫變現能力的指標，對於新創企業來說尤其重要。新創公司資金有限，如果投資計畫的預期報酬率高但回收期間很久，則公司應評估是否對資金週轉造成衝擊，或評估提前對外募資時程做為因應。

淨現值法

淨現值法（Net Present Value Method；NPV），又稱現金流量折現

法（Discounted Cash Flow Method），其內涵是所有的現金流量必須以資金成本折現，使其產生的時間回到決策時點，並在相同時點上比較各期淨現金總和與投入成本的大小，做為判斷投資計畫可行性的依據。淨現值，指的是各期淨現金流量之折現值減去期初現金支出後的餘額，代表的是投資計畫對公司價值的貢獻。

除了計畫本身的現金流量外，資金成本也是影響資本支出決策的重要變數。假設公司以年利率 3% 向銀行貸款來擴廠，則此項投資計畫的資金成本就是 3%，使用淨現值法時會以 3% 作為折現率，計算未來各期現金流量的現值。如果公司投資計畫所使用的資金來自不同的融資來源，其資金成本應按比例加權平均。總結來說，資金成本代表投資計畫所必須賺得的必要報酬率，只有預期的投資報酬率高於資金成本時，此項投資計畫才有誘因。

最後我們舉例來說明淨現值法的應用，假設投資計畫需要投入成本 200 元，資金成本為 1%，並且預期在未來兩年每年回收 100 元。乍看之下，投資計畫似乎剛好能回本，然而若運用淨現值法評估的結論將不同。

$$Y_0 \qquad Y_1 \qquad Y_2$$
$$-200 \qquad +100 \qquad +100$$

$$+99.01 \quad \div(1.01)^1$$
$$+98.03 \quad \div(1.01)^2$$

$$NPV = -200 + \frac{100}{(1.01)^1} + \frac{100}{(1.01)^2} = -2.96 < 0$$

依淨現值法將現金收入折現並減除投資成本後的淨現值為 -2.96，代表執行此項投資計畫會產生損失。

內部報酬率法

　　內部報酬法（Internal Rate of Return Method, IRR），是使投資計畫所產生的現金流量折現值總和，正好等於期初投入成本的折現率。當投資計畫的內部報酬率超過資金成本時，企業便可考慮進行該投資計畫；反之，若投資計畫的內部報酬率低於資金成本時，則投資計畫的淨現值將會小於0，公司不應進行該項投資。

資金管理

當企業要購買存貨或是進行資本支出時，都有賴手頭上的現金，因此一家企業想要永續經營，一定要特別留意資金的管理。資金是企業賴以維生的命脈，即使帳面上的利潤數字再好看，若沒有足夠的資金供企業自由運用，終將難逃倒閉的風險。因此，本節將聚焦於企業的資金管理。

淨營運資金

許多企業主因為不具備會計知識，常以手中存款餘額多寡，看待企業營運資金是否充裕。所謂的「淨營運資金」，指的是財務報表上「流動資產」減除「流動負債」後的金額，代表企業將資產快速轉換成現金、支付短期債務方面的能力。缺乏對淨營運資金的認識，可能導致企業做了重大錯誤決策！

舉例來說，許多健身俱樂部的現金來源為會員預付未來 1～2 年的會費。這筆暫先收下的會費，並非公司的收入，而是公司的「預收收入」。預收收入，指企業在尚未向買方提供產品或勞務以前就已經收到的款項，這些收到的現金並不能立即認列為收入，因為企業仍必須於未來一定期間內完成產品或勞務的義務，因此本質上預收收入仍屬於「負債」性質，企業必須在完成相對義務後才能將「預收收入」轉列為「收入」。

如果只看到短時間內大筆的現金湧入便恣意揮霍或盲目擴張，忽略了

企業必須於未來期間完成的履約義務，及伴隨履約義務所發生的成本費用（如：租金、人事費用、水電費、器材維修費等），恐將面臨空有帳面收入而資金用罄的慘況，企業主不得不慎。

現金週期

現金週期，或稱現金轉換循環，是指一家公司從進料「支付現金」起算，到最終銷售產品並「收回現金」為止的總天數。對於企業而言，現金週期越短，現金可以「慢付快收」，現金運用就越有彈性。公司的現金週期，可透過下列公式求得：

現金週期 = 存貨週轉天數 + 應收帳款週轉天數 + 應付帳款週轉天數

存貨週轉天數，代表從進貨（料）、產出製成品存貨，再到銷售的總天數；應收帳款週轉天數，指企業從銷售到收回應收帳款所需的時間；應付帳款週轉天數，指企業償還上游供應商進貨後賒帳的天數。存貨週轉天數與應收帳款週轉天數的加總，稱做「營運週轉天數」。

舉例來說，藍海公司的存貨週轉天數是 70 天，應收帳款週轉天數是 30 天，應付帳款週轉天數是 40 天，則現金週期為 60 天。以此案例而言，付款到收款之間有 60 天不會有現金流入，因此企業必須準備供這 60 天花用的營運資金，才能夠支撐企業的正常營運，這就是現金週期應當愈短愈好的原因。

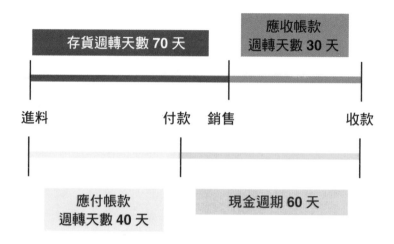

  企業主能夠透過現金週期有效檢視營運資金管理的狀況。舉例而言，存貨週轉天數過長，可能代表企業生產效率或銷售能力不佳；應收帳款週轉天數過長，可能代表企業在評估客戶的信用作業上出現了問題；應付帳款週轉天數過短，可能是企業的議價能力不佳，無法與供應商爭取較寬鬆的付款條件。總而言之，企業的現金週期愈短，代表企業的營運效率越高，現金運用越有彈性，對外融資的壓力也較低。

經營績效管理

　　本章上半部份介紹了利潤管理、存貨管理、資本支出決策與資金管理的議題，但決策後之執行及日常營運，應當配合相關經營績效管理制度，才能瞭解企業營運之成果並適時修正。本節首先介紹企業經營績效管理的概念，再列舉一些常見的經營績效指標供讀者參考。

　　企業經營績效管理（Enterprise ／ Business ／ Corporate Performance Management；EPM ／ BPM ／ CPM），指企業為達到可持續性的績效表現，所包含的所有流程、資訊及制度。企業經營績效管理必須與企業策略及計劃一致，對績效予以衡量並產生商業洞察，最後連結執行之監督及獎酬制度。本節我們著重經營績效之衡量，即經營績效指標之設計。經營績效指標必須符合「SMART」原則，其介紹如下表所示：

SMART	原則	定義	舉例
S	具體 （Specific）	績效指標 必須具體	提升客戶滿意度　可改為 降低客戶投訴率至 2% 以 下
M	可衡量 （Measurable）	績效指標 必須可以衡量	關心全體部門員工工作狀 況可改為「每週完成 5 位 員工訪談，分 3 週完成」
A	可達成 （Attainable）	避免設立過高 或過低的目標	「規定員工必須參與多益 測驗並考取 900 分以上」 可改為「安排每月員工英 語訓練，並通過課程測驗， 不通過者得安排輔導」
R	相關性 （Relevant）	績效指標必須 與策略目標一致	「為增進櫃台人員應對外 賓之能力，規定其參與程 式設計課程」可改為「為 增進櫃台人員應對外賓之 能力，規定其參與基礎英 語會話課程」
T	具時效性 （Timely）	資訊可以 即時更新	「每年檢視一次業績達成 率」可改為「每月檢視業 績達成率」

　　經營績效指標之設計除了應依循上述 SMART 原則外，並應注意指標組合必須均衡，例如兼顧組織內部與外部、執行過程與結果、領先指標與落後指標、成本指標與非成本指標等，避免偏頗特定面向。

　　最後，我們介紹幾個新創事業常用的量化管理指標，供讀者參考。請

留意，不同的產業可能有不同適合的經營績效指標，甚至相同產業的不同公司，也可以發展不同的經營績效指標，以反映自己對事業的經營視角。

毛利率

$$毛利率 = \frac{營業毛利}{營業收入} = \frac{營業收入 - 營業成本}{營業收入}$$

毛利率，對於企業而言頗具代表性，可以衡量一家企業的產品競爭力，其構成要素（營業收入及營業成本）都與產品本身息息相關，因此毛利率直接反應了企業的產品或服務的附加價值。

營業利益率

$$營業利益率 = \frac{營業利益}{營業收入} = \frac{營業毛利 - 營業費用}{營業收入}$$

營業利益率，或稱營業淨利率，可衡量一家企業在本業上的經營績效，因為營業利益的高低，取決於營業毛利及營業費用，兩者分別反映公司的產品競爭力以及管理能力，綜合囊括了企業在本業上的經營效能。企業要提高營業利益率，可透過增加產品競爭力，提升毛利率；也可透過營業費用（如行政費用）控制得當，將錢花在刀口上，以相對較少的支出達到相同的業績。

淨利率

$$淨利率 = \frac{淨利}{營業收入} = \frac{營業利益 \pm 營業外收支}{營業收入}$$

淨利率，又可分為「稅前淨利率」與「稅後淨利率」，是衡量企業最終獲利能力的指標。雖然淨利率是企業的最終獲利結果，但是公司應分析淨利有多少比例來自本業經營的成果。如果淨利主要來自營業外收入，可能代表本業缺乏核心競爭力。此外，公司應留意該營業外收入是否持續發生，因為許多營業外收入只是一次性，如當年度出售土地或廠房之利益，如此淨利率高也可能只是曇花一現。

邊際貢獻

邊際貢獻（Contribution Margin）為收入減去變動成本後的金額，是公司可用來回收固定成本並產生利潤的部份。邊際貢獻與損益兩平點息息相關。固定成本除以每單位產品的邊際貢獻，亦可求得損益兩平點。邊際貢獻除以營業收入的比率稱為邊際貢獻率（Contribution Margin Ratio），或稱利量率（Profit Volume Ratio）。許多人會將邊際貢獻和毛利混為一談，其實兩者不同，因為計算邊際貢獻的減除項目不含固定製造成本，但含有變動之非製造成本。

邊際貢獻的觀念，可用於企業之短期促銷決策，例如常見的飯店、機

票、車票或遊樂園門票的「晚鳥優惠」。遊樂園的設備、人事、租金、水電費等固定成本高，但變動成本可能只有門票印刷費等小額支出，降價促銷的優惠價只要高於變動成本，反而可以產生額外的邊際貢獻，用以支付固定成本。

客戶獲取成本

客戶獲取成本（Customer Acquisition Cost 或 Cost Per Acquisition；CAC 或 CPA），是用以衡量「獲取每位客戶所花費的成本」。舉例來說，公司這個月在臉書投入 30 萬元行銷費用，並吸引到了 1,000 位新客戶，則每個客戶的獲取成本為 300 元。

$$客戶獲取成本 = \frac{\$300,000}{1,000} = \$300$$

客戶獲取成本並非永遠不變，企業主應當定期檢視指標數值的變動，進一步調整既有行銷策略。

客戶流失率

獲得一個新客戶的成本是留住一個老客戶成本的數倍，熟稔經營之道的企業主都知道一旦穩固既有的顧客群，生意自然更好做。舉例來說，公司是採訂閱制的新聞媒體，月初有 100 位訂閱客戶，本月有 10 位客戶取

消訂閱，那麼客戶流失率（Churn Rate）是：

$$客戶流失率 = \frac{10}{100} = 10\%$$

相對客戶流失率的另一個指標是客戶保留率（Customer Retention Rate；CRR），或稱客戶維繫率，具有相同的管理意涵。

客戶終身價值

客戶終身價值（Customer Lifetime Value；CLV 或 LTV）是指客戶在未來可能帶來的收益總和，企業和客戶保持關係的時間越長，客戶對企業貢獻的利潤就越多。客戶終身價值的核心概念是：和顧客單筆交易的完成，並不是關係的終結，而是關係的開始。客戶終身價值的觀念，引導企業由追求客戶單次購買利潤轉向與客戶發展長期關係。

客戶終身價值，尤其適用於提供耐用品、商用服務或訂閱制服務的公司。例如吉列可以免費贈送或低價販售刮鬍刀，因為顧客必須不斷購買汰換刀片才能使用。客戶終身價值有許多不同的估算方式，但理論基礎類似前述的淨現值法，並考量客戶流失的情況。對於新創企業來說，可採下列簡易算法，概估客戶終身價值：

$$客戶終身價值 = \frac{每月邊際貢獻}{每月平均客戶流失率}$$

假設下天雜誌內容付費服務的平均訂閱金額為每月 300 元，經營一位訂戶的變動成本是每月 100 元，另依過去數據假設每月客戶流失率為 5%，客戶終身價值計算如下：

$$客戶終身價值 = \frac{\$300 \sim \$100}{5\%} = 4,000$$

「客戶終身價值」與「客戶獲取成本」應該綜合分析比較，客戶終身價值必須大於客戶獲取成本，新創企業才有機會繼續發展及規模化。另外，我們也可以觀察客戶終身價值除以客戶獲取成本的比率，如果比率過低，可能代表客戶帶給企業的貢獻過低或行銷成本過高。

商品交易總額

商品交易總額（Gross Merchandise Volume；GMV），指一段時間內在電子商務平台上下單的總金額。商品交易總額並不等同電商平台的實際成交金額，因其包含了「取消訂單金額」、「拒收訂單金額」以及「退貨訂單金額」。換句話說，只要在平台上下過單的交易金額皆會計入，無論後續是否完成交易程序。商品交易總額，更不等同電商平台的收入，因為電商平台的收入可能來自於交易佣金，但這個指標反映了一個電商平台的規模以及競爭力。

合約價值

　　合約價值有兩項指標，合約總價值（Total Contract Value；TCV）及年度合約價值（Annual Contract Value；ACV）。合約總價值，指的是一份商務合約的簽約金額，即客戶在規定期限內應該支付的總金額，無論合約規定的服務期限是多久。年度合約價值，指的是經過年化處理後的合約金額。如果年度合約價值成長，即平均而言客戶每年支付的金額增加，可能代表客戶黏著度增加，或企業更具競爭力而贏得規模較大的客戶。

Lesson 9
新創企業的公司治理
董事會／股東會運作實務

新創企業，是由一群志同道合的股東組成，並由股東會選任公司董事。公司最高的權利機關就是股東會，而最高的執行機關就是董事會，董事會和股東會，實為公司的一體兩面。

董事會/股東會簡介

董事會和股東會是公司治理的主要機制,公司業務之執行,除了《公司法》或章程規定由股東會決議之事項外,由董事會決議行之。而公司董事,又是經由股東會選任。董事會和股東會,實為公司的一體兩面。

不過,關於如何召集董事會和股東會、開會方式、時程、各自可決議的事項等規定散落在《公司法》各條文,對沒有相關背景的創業者來說難以掌握。由於董事會和股東會的相關規定可能因公司是否公開發行股票有所區別,新創企業絕大多數屬於非公開發行公司,因此在這堂課中我們主要針對「非公開發行股票的股份有限公司」,來介紹其董事會和股東會的運作機制、流程與相關應注意事項。

董事會/股東會

董事會最少要由 3 位董事組成,且董事不一定要具有股東身分,而董事會召開的時間沒有固定要求或次數限制,有必要時可以不定期召開。在 107 年《公司法》修法後,不再強制要求非公開發行公司一定要設董事會,公司可以在章程中明定只設 1 名或 2 名董事。

股東會由全體股東所組成,其中依《公司法》每年至少要召集 1 次的稱為「股東常會」。如有重要事項需經過股東會討論、決議或報告的話,可以不定期召集「股東臨時會」,而且沒有次數限制。

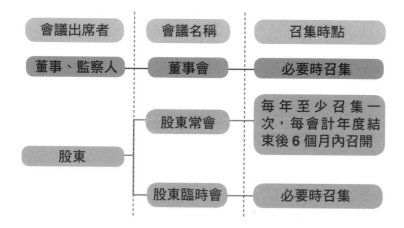

會議出席者	會議名稱	召集時點
董事、監察人	董事會	必要時召集
股東	股東常會	每年至少召集一次，每會計年度結束後6個月內召開
	股東臨時會	必要時召集

誰可以召集董事會／股東會？

公司的許多重大事項都要經過董事會或股東會決議，因此依法有權召集會議者可以說對公司業務的執行上扮演一個主導的角色。

董事會由董事長召集。每屆第一次董事會，由所得選票代表選舉權最多之董事召集。但實務上偶有發生董事長不作為的情況，不僅導致公司運作之僵局，更嚴重損及公司治理。為解決董事長不召開董事會，而影響公司之正常經營，並考量避免放寬董事會召集權人後之濫行召集或減少董事會議發生雙胞或多胞之情況，《公司法》明定允許過半數之董事，得請求董事長召集董事會。如果董事長於法定期限內不為召開時，過半數之董事，不用經主管機關許可，得自行召集董事會。

股東常會及股東臨時會，原則上由董事會所召集，其主席應由董事長擔任。雖然股東會以董事會請求召集為原則，但如果董事會不為召集或不能召集時，應該要給予股東請求召集或自行召集的權力才合理。因此，《公司法》第 173 條規定繼續 1 年以上且持有已發行股份總數 3% 以上股份

董事會

原則：董事長

特殊情況：
過半數之董事得以書面記明提議事項及理由，請求董事長召集董事會；請求提出後 15 日內，董事長不為召開時，過半數之董事得自行召集。

股東常會

原則：董事會

股東常會原則上由董事會所召集，其主席應由董事長擔任。

特殊情況：
監察人除董事會不為召集或不能召集股東會外，得為公司利益，於必要時，召集股東會。

股東臨時會

原則：董事會

特殊情況：
· 持股 1 年以上且股份總數在 3% 以上的股東得請求董事會召集。
· 持股 3 個月以上且股份總數過半數之股東得自行召集。
· 監察人除董事會不為召集或不能召集股東會外，得為公司利益，於必要時，召集股東會。

之股東，得以書面記明提議事項及理由，請求董事會召集股東臨時會，讓少數股東也有請求召集的權力。此外，當股東持有公司已發行股份總數過半數股份時，實質上對公司之經營及股東會已有關鍵性的影響，如果其持股又達一定期間，應該要賦予其有自行召集股東臨時會之權利，因此《公司法》第 173-1 條明定繼續 3 個月以上且持有已發行股份總數過半數股份之股東，可以自行召集股東臨時會，不用先請求董事會召集或經主管機關許可。最後，在董事會不為或不能召集情形下，或監察人認定於「為公司利益，而有必要」之情形，監察人也可以召集股東會。

董事會／股東會之開會方式

董事會及股東會進行的方式主要有 3 種：實體集會、視訊會議或書面表決。

董事會及股東會原則上應實體集會。但鑒於科技發達，以視訊會議方式開會，也可達到相互討論的會議效果，其實與親自出席無異。閉鎖性公司及非公開發行公司章程得訂明股東會開會時，以視訊會議方式為之。

閉鎖性公司及非公開發行公司章程得訂明經全體董事同意，董事就當次董事會議案以書面方式行使其表決權，而不實際集會。此外，為利召集股東會之彈性，閉鎖性公司章程得訂明經全體股東同意，股東就當次股東會議案以書面方式行使其表決權，而不實際集會。

不同公司組織適用之開會方式

公司組織 開會方式	閉鎖性公司		非公開發行公司		公開發行公司	
	董事會	股東會	董事會	股東會	董事會	股東會
實體集會	●	●	●	●	●	●
視訊會議	●	●	●	●	●	
書面表決	●	●	●			

　　最後，董事會開會時，董事應親自出席，但公司章程可訂定得由其他董事代理出席。董事委託其他董事代理出席董事會時，應於每次出具委託書，並列舉召集事由之授權範圍。代理人，以受一人之委託為限。股東會開會時，若股東無法親自出席，得於每次股東會，出具委託書，載明授權範圍，委託代理人，出席股東會。一股東以出具一委託書，並以委託一人為限，應於股東會開會 5 日前送達公司，委託書有重複時，以最先送達者為準。

董事會／股東會之決議方式

　　董事會與股東會針對議案要達成決議，必須先達到「法定開會門檻」後，針對議案表決時，達到「法定決議門檻」。

　　未有特別規定的決議事項，為普通決議。董事會應有過半數董事之出席（法定開會門檻），出席董事過半數之同意行之（法定決議門檻）；股東會應有代表已發行股份總數過半數股東之出席（法定開會門檻），以出

席股東表決權過半數之同意行之（法定決議門檻）。

依據《公司法》特別規定的特別決議事項，董事會應由 2 ／ 3 以上 **❶** 董事之出席，及出席董事過半數之同意；股東會應有代表已發行股份總數 2 ／ 3 以上股東出席，出席股東表決權過半數之同意。

最後，當出席股東雖未達法定開會門檻，但有代表已發行股份總數 1 ／ 3 以上股東出席時，得以出席股東表決權過半數之同意，為假決議，並將假決議通知各股東，於一個月內再行召集股東會。第二次的股東會，對於假決議，如果仍有已發行股份總數 1 ／ 3 以上股東出席，並經出席股東表決權過半數之同意，視同普通決議。

---

❶ 法制用語的「以上、以下」均包含本數，例如「2 ／ 3 以上」即包含 2 ／ 3。

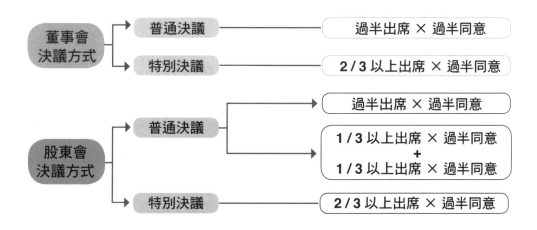

董事會和股東會常見之普通決議事項及特別決議事項如下：

常見之董事會決議事項	
普通決議事項	特別決議事項
· 公司遷址 · 分公司設立、變更或解散	· 發行員工認股權憑證 · 公司收買自己的股份 · 選任董事長 · 公司增資發行新股

常見之股東會決議事項	
普通決議事項	特別決議事項
· 決議分派盈餘及股息、紅利 · 董事之選任其報酬 · 監察人之選任、解任及其報酬 · 補選董事 · 決議承認董事會所造具之各項表冊	· 變更章程 · 讓與全部或主要部分之營業或財產 · 特別股之變更 · 對董監事之罷免案、解任 · 公司轉投資不受 40% 限制 ❷ · 發行新股以分派股息、紅利

❷ 依現行規定，公司如為他公司有限責任股東時，其所有投資總額，原則上不得超過本公司實收股本 40%，除非公司係以投資為專業或章程另有規定或經依一定程序解除 40% 之限制時，始不受此限。107 年《公司法》修法後，有限公司或非公開發行股票之公司，不再受轉投資不得超過公司實收股本 40% 的限制。考量公開發行股票之公司為多角化而轉投資，屬公司重大財務業務行為，涉及投資人之權益，針對公開發行股票之公司，目前仍有加以規範。

股東會之決議瑕疵

股東會決議若有瑕疵，可能導致決議失去法律效力。依《公司法》規定主要可分成兩種情況：

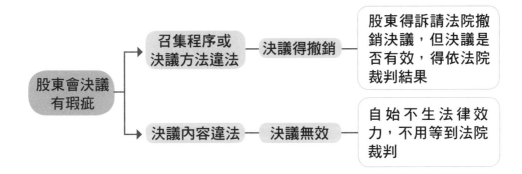

　　當股東會的「召集程序」或「決議方法」違反法令或章程時，股東可自決議日起 30 日內，訴請法院撤銷其決議，股東會決議事項經法院判決撤銷者，其決議應自判決確定時起，溯及於決議時無效。召集程序或決議方法違反法令或章程的情況，列舉如下：

召集程序	決議方法
1. 股東會未經董事會合法決議而召集	1. 無表決權股東參與表決
2. 通知或公告未載明召集事由	2. 未具委託書之代理人出席

　　而股東會「決議內容」如果違反法令或章程，不須任何人之主張，也不須等到法院裁判，當然的不生法律上的效力。但若公司與股東之間對於是否無效有爭執時，還是要依民事訴訟程序提起確認之訴。

　　股東會的「召集程序」或「決議方法」違反法令或章程時，都可能導致決議被撤銷，因此瞭解董事會及股東會的決議方式後，我們有必要進一步瞭解董事會及股東會的召集程序。

董事會／股東會的召集程序

董事會的召集程序

董事會之召集，應於 3 日前通知各董事及監察人；董事會之議決事項，應作成議事錄並於會後 20 日內分發各董事及監察人。

一、寄發開會通知

原則上，董事會由董事長召集。過去曾有案例董事長因害怕在董事會被逼宮下臺，堅持不召開董事會，以致公司沒有董事會執行職務。《公司法》第 203-1 條在 107 年修正後，過半數董事得以書面記明提議事項及理由，請求董事長召開董事會，若請求提出後 15 日內董事長仍不召開時可自行召集，即所謂的「臺紙條款」。

董事會之召集，應於 3 日前以書面或經相對人同意以電子方式通知各董事及監察人。董事會召集通知採「發信主義」，通知發送出去後即為生效。舉例來說，如果 9 月 7 日要召開董事會，最晚在 9 月 3 日要將通知書寄出。

二、董事會

董事會的開會方式可採實體集會，或經章程訂明後採視訊會議或書面表決。原則上，董事會開會時董事應親自出席，但公司章程可訂定得由其他董事代理出席。

三、分發董事會議事錄

董事會之議事，應作成議事錄，並於會後 20 日內，將議事錄分發各董事及監察人。董事會議事錄之製作及分發，得以電子方式為之。董事會議事錄上應記載下列事項，並由主席簽名或蓋章，永久保存。

（1）會議之年、月、日、場所、主席姓名
（2）決議方法
（3）議事經過之要領及其結果

股東常會的召集程序

召開股東常會須處理的事項繁多，一個細節疏忽就可能導致決議的適法性產生疑慮，不可不慎。為了讓讀者更清楚瞭解股東常會的召集程序，我們以 6 月 30 日召開股東常會為例，說明召開股東常會所應注意的重要時程及工作事項。

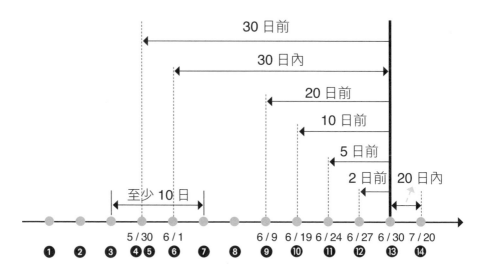

❶ 編製年度結算表冊

❷ 召開董事會通過員工及董監事酬勞分派案、財務報表及擬訂盈餘分派表；公告股東提案及股東常會。

❸ 受理股東提案

❹ 監察人查核

❺ 股東辦理表決權信託

❻ 停止過戶起始日

❼ 召開董事會審查股東提案

❽ 召集通知日前，將處理結果通知提案股東，並將議案列於開會通知。

❾ 寄發開會通知

❿ 備製董事會所造具之表冊與監察人報告，供股東查閱。

⓫ 股東出具委託書，載明授權範圍，委託代理人出席。

⓬ 股東書面撤銷委託通知

⓭ 股東常會

⓮ 分發股東會議事錄（註）

註：董事會所造具之各項表冊，經股東常會承認後，董事會應將財務報表及盈餘分派或虧損撥補之決議，分發各股東。

一、編製年度決算表冊

公司業務之執行，原則上由董事會決議行之。因此，董事會自應將業務執行的成果，向股東報告。每會計年度終了（採曆年制者為 12 月 31 日），董事會應編造以下表冊：

（1）營業報告書
（2）財務報表
（3）盈餘分派或虧損撥補之議案

編製表冊之目的主要是為了讓股東能夠了解這一年的經營績效。各項表冊應於股東常會開會 30 日前交由監察人查核，並於股東常會開會 10 日前備置各項表冊及監察人之報告書供股東查閱。最後，公司將營業報告書、財務報表及盈餘分派或虧損撥補之議案，提請股東常會承認。

二、召開董事會通過員工及董監事酬勞分派案、財務報表及擬定盈餘分派表；公告股東提案及股東常會

公司應召開董事會通過員工及董監事酬勞分派案、財務報表及擬定盈餘分派表；其中員工酬勞及董監事酬勞，應經董事會特別決議。此外，公司應於股東常會召開前之「停止股票過戶日前」，公告受理股東之提案、書面或電子受理方式、受理處所及受理期間；其受理期間不得少於 10 日。最後，股東會原則上由董事會召集，因此，董事會打算召集股東會時，應先經由董事會決議股東會之時間、地點及召集事由。

三、受理股東提案

持有已發行股份總數 1% 以上股份之股東，得向公司提出股東常會議案。提案以一項為限，超過一項者，均不列入議案。

股東所提議案以 300 字為限；提案股東應親自或委託他人出席股東常會，並參與該項議案討論。普通股及特別股股東均有提案權。股東之提案應於公司公告受理期間內送達公司公告之受理處所。公司召開「股東常會」，股東才有提出議案權利，且非「董事會」召集之股東常會，無適用股東提案權。

四、監察人查核

董事會所編造的營業報告書、財務報表 ❸ 及盈餘分派或虧損撥補之議案，應在股東常會開會 30 日前交給監察人查核。監察人對於董事會編造提出股東會之各種表冊，應予查核，並報告意見於股東會。監察人在辦理查核時，可委託會計師審核。

---

❸ 符合以下情況之一，其財務報表應先經過會計師查核簽證。
1. 實收資本額達 3,000 萬以上。
2. 實收資本額未達 3,000 萬元，但「營業收入淨額達 1 億元」或「參加勞保員工人數達 100 人」。

五、股東辦理表決權信託

為使「非公開發行股票公司」之股東得以協議或信託之方式，匯聚具有相同理念之少數股東，以共同行使表決權方式，達到所需要之表決權數，鞏固經營團隊在公司之主導權，《公司法》第 175-1 條明定非公開發行股票公司股東得訂立表決權拘束契約約定共同行使股東表決權之方式，或成立股東表決權信託，由受託人依書面信託契約之約定行使其股東表決權。

股東須將書面信託契約、股東姓名或名稱、事務所、住所或居所與移轉股東表決權信託之股份總數、種類及數量於股東常會開會 30 日前送交公司辦理登記。

六、停止過戶起始日

如果股東會之前有股東異動，那麼究竟應該以哪一天的股東名簿，決定誰有權參加股東會呢？依《公司法》第 165 條規定，股東名簿於股東常會開會前 30 日內不得變更記載。要參加公司股東會投資人，須於停止過戶起始日前買進公司股票，才能成為該公司股東名簿上的股東，參加股東會。

七、召開董事會審查股東提案

在受理股東提案後，應召開董事會審查股東所提的議案。除有下列情事之一者外，股東所提議案，董事會應列為議案：

（1）該議案非股東會所得決議

（2）提案股東於公司停止股票過戶時，持股未達 1%

（3）該議案於公告受理期間外提出

（4）該議案超過 300 字或有提案超過 1 項者

　　若公司於所訂提案期間內並無股東提案時，因無案可審，則公司無召開董事會的必要。

八、召集通知日前，將處理結果通知提案股東，並將議案列於開會通知

　　公司應於「股東會召集通知日前」，將受理股東提案處理結果通知提案股東，並將合於規定之議案列於開會通知。若有未被列入議案之股東提案，董事會應於股東會說明理由。

九、寄發開會通知

　　股東常會之召集，應於 20 日前以書面或經相對人同意以電子方式通知股東。股東會開會通知與董事會開會通知相同，皆採「發信主義」，而非「到達主義」，即指將召集之通知書交郵局寄出之日為準。

　　股東會開會通知應載明召集事由，有下列事項者，應在召集事由中列舉並說明其主要內容，不得以臨時動議提出；

（1）選任或解任董事、監察人

（2）變更章程

（3）減資

（4）申請停止公開發行

（5）董事競業許可

（6）盈餘轉增資或公積轉增資

（7）公司解散、合併或分割

（8）締結、變更或終止關於出租全部營業，委託經營或與他人經常契約。

（9）讓與全部或主要部分之營業或財產

（10）受讓他人全部營業或財產，對公司營運有重大影響

十、備置董事會所造具之各項表冊與監察人報告，供股東查閱

董事會所造具之各項表冊與監察人之報告書，應於股東常會開會 10 日前，備置於公司，股東得隨時查閱，並得偕同其所委託之律師或會計師查閱。

十一、股東出具委託書，載明授權範圍，委託代理人出席

股東得於每次股東會，出具委託書，載明授權範圍，委託代理人，出席股東會。一股東以出具一委託書，並以委託一人為限，於股東會開會 5 日前送達公司，委託書有重複時，以最先送達者為準。

為防止少數股東收買委託書以操縱股東會之，一人（信託事業或經證券主管機關核准之股務代理機構除外）同時受二人以上股東委託時，其代理之表決權不得超過已發行股份總數表決權之 3%，超過時其超過之表決權，不予計算。若一人僅受一股東之委託時，則代理之表決權不受不得超

過 3% 的限制。

十二、股東書面撤銷委託通知

委託書送達公司後，如果股東改變心意想要親自出席，或者想以書面或電子方式行使表決權，應在股東會開會 2 日前以書面向公司撤銷委託通知。逾期的話，以受委託的代理人出席所行使的表決權為準。

十三、股東常會

股東常會應於每會計年度終了後 6 個月內召開，但公司準備營業報告書及財務報表等表冊都需要時間，這就是為什麼股東常會旺季都在每年 4 月到 6 月。股東常會當日的流程如下：

報到　　開會　　議案討論與表決　　臨時動議　　散會

十四、分發股東會議事錄

股東會之議決事項，應作成議事錄，並於會後 20 日內，將議事錄分發各股東。股東會議事錄之製作及分發，得以電子方式為之。股東會議事錄上應記載下列事項，並由主席簽名或蓋章，永久保存。

（1）會議之年、月、日、場所、主席姓名

（2）決議方法

（3）議事經過之要領及其結果

艾蜜莉小學堂

何謂會計年度？

依照《商業會計法》規定，原則上以每年 1 月 1 日起至 12 月 31 日止為會計年度。若法律另有規定或營業上有特殊需要者，可以另訂期間。例如，會計年度採 8 月制，其期間為 8 月 1 日到隔年 7 月 31 日。

股東臨時會的召集程序

相較於召集股東常會，因為少了監察人查核表冊、受理及審查股東提案等流程，召集股東臨時會的程序單純。召開股東臨時會所應注意的重要時程及工作事項，整理如下圖。

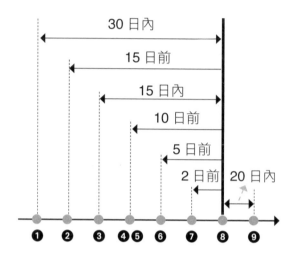

❶董事會決議召開股東臨時會並公告，若事由為董事缺額達三分之一或監察人全體均解任時，董事會應於三十日內召開股東臨時會（註）。

❷股東辦理表決權信託

❸停止過戶起始日

❹寄發開會通知

❺備置董事會所造具之表冊與監察人報告，供股東查閱（註）。

❻股東出具委託書，載明授權範圍，委託代理人出席。

❼股東書面撤銷委託通知

❽股東臨時會（註）

❾分發股東會議事錄（註）

註：除圖中所列情形外，若公司為彌補虧損，於會計年度終了前，有減少資本及增加資本之必要者，董事會應將財務報表及虧損撥補之議案，於股東會開會 30 日前交監察人查核後，提請股東會決議。若為提請股東臨時會決議時，準用《公司法》第 229 條（表冊之備置與查閱）、第 230 條（會計表冊之承認與分發）及第 231 條（董監事責任之解除）之規定。

一、董事會決議召開股東臨時會並公告

股東會原則上由董事會召集，故董事會應決議召開股東臨時會相關事宜，如股東會召開日期及地點、召集事由、停止過戶期間等，並於停止過戶日前公告。依《公司法》規定，當「董事缺額達 1 ／ 3」或「監察人全體均解任」時，董事會必須於 30 日內召開股東臨時會補選董事或選任監察人。

另外，依《公司法》第 168-1 條規定，公司為彌補虧損，於會計年度終了前，有減少資本及增加資本之必要，董事會應將財務報表及虧損撥補之議案，於股東會開會 30 日前交監察人查核後，提請股東會決議。若為提請「股東臨時會」決議時，準用《公司法》第 229 條（表冊之備置與查閱）、第 230 條（會計表冊之承認與分發）及第 231 條（董監事責任之解除）之規定 ❺。

《公司法》第 229 條規定將於「五、備置董事會所造具之各項表冊與監察人報告，供股東查閱」進一步說明；《公司法》第 230 條規定，將於「八、股東臨時會」與「九、分發股東會議事錄」進一步說明。

---

❹ 依《公司法》第 231 條規定，各項表冊經股東會決議承認後，視為公司已解除董事及監察人之責任。但董事或監察人有不法行為者，不在此限。

二、股東辦理表決權信託

依《公司法》第 175-1 條規定，股東須將書面信託契約、股東姓名或名稱、事務所、住所或居所與移轉股東表決權信託之股份總數、種類及數量於股東臨時會開會 15 日前送交公司辦理登記。

三、停止過戶起始日

依《公司法》第 165 條規定，股東名簿於股東臨時會開會前 15 日內不得變更記載。

四、寄發開會通知

股東臨時會之召集，應於 10 日前以書面或經相對人同意以電子方式通知股東。

五、備置董事會所造具之各項表冊與監察人報告，供股東查閱

依《公司法》第 229 條規定，董事會所造具之各項表冊與監察人之報告書，應於「股東常會」開會 10 日前，備置於公司，股東得隨時查閱，並得偕同其所委託之律師或會計師查閱。原則上，召集「股東臨時會」並不適用這項規定。

但依《公司法》第 168-1 條規定，公司為彌補虧損，於會計年度終了前，有減少資本及增加資本之必要者，董事會應將財務報表及虧損撥補之議案，於股東會開會 30 日前交監察人查核後，提請股東會決議，並準用

《公司法》第 229 條規定。

六、股東出具委託書，載明授權範圍，委託代理人出席

同股東常會之規定，股東得於每次股東臨時會，出具委託書，載明授權範圍，委託代理人，出席股東會。一股東以出具一委託書，並以委託一人為限，於股東會開會 5 日前送達公司。委託書有重複時，以最先送達者為準。

七、股東書面撤銷委託通知

同股東常會之規定，委託書送達公司後，如果股東改變心意想要親自出席，或者想以書面或電子方式行使表決權，應在股東會開會 2 日前以書面向公司撤銷委託通知。逾期的話，以受委託的代理人出席所行使的表決權為準。

八、股東臨時會

股東臨時會之流程同股東常會，整理如下圖：

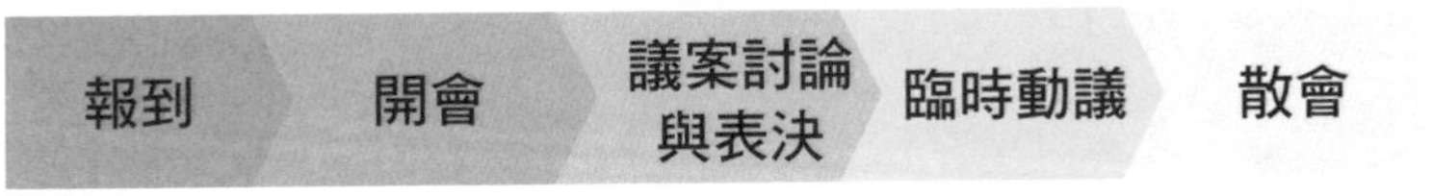

報到　　開會　　議案討論與表決　　臨時動議　　散會

若符合《公司法》第 168-1 條所述之情況，提請「股東臨時會」決議者，準用《公司法》第 230 條規定 ❺。

❺ 依《公司法》第 230 條規定,董事會應將其所造具之各項表冊,提出於股東常會請求承認,經股東常會承認後,董事會應將財務報表及盈餘分派或虧損撥補之決議,分發各股東。

前項財務報表及盈餘分派或虧損撥補決議之分發,公開發行股票之公司,得以公告方式為之。

第一項表冊及決議,公司債權人得要求給予、抄錄或複製。

代表公司之董事,違反第一項規定不為分發者,處新臺幣 1 萬元以上,5 萬元以下罰鍰。

九、分發股東會議事錄

同股東常會之規定,股東臨時會之議決事項,應作成議事錄,並於會後 20 日內,將議事錄分發各股東。若為《公司法》第 168-1 條之情況者,董事會應將其所造具之各項表冊,提出於股東臨時會請求承認,經股東臨時會承認後,董事會應將財務報表及盈餘分派或虧損撥補之決議,分發各股東。

董事會／股東會之相關文件保存

董事會和股東會是公司治理的重要機制,公司業務之執行,必須經由董事會或股東會決議行之。因此,會議相關文件的保存至關重要。《公司法》中明訂了董事會與股東會相關文件的保存期限,整理如下表:

相關文件	期限
董事會／股東會議事錄 ❻	在公司存續期間，應永久保存
股東會簽名簿 ❼	保存期限至少 1 年
股東會委託書 ❼	保存期限至少 1 年

❻ 董事會簽名簿為議事錄之一部分，應永久保存。

❼ 若股東會之召集程序或決議方法違反法令或章程，而股東對此訴請法院撤銷決議，出席股東之簽名簿及代理出席之委託書，應保存至訴訟終結為止。

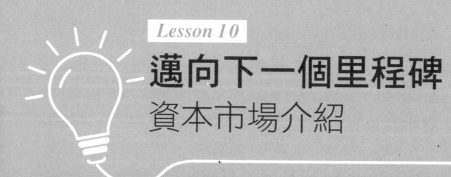

Lesson 10

邁向下一個里程碑

資本市場介紹

IPO（Initial Public Offerings）首次公開發行，是許多創業家的目標，也是投資人的退場機制。最後一堂課，我們介紹創櫃版、興櫃、上櫃、上市的相關規定，以及新創企業進入資本市場的路徑。

我國資本市場簡介

臺灣的股票市場根據交易型態可分成「集中市場」與「店頭市場」，其中「集中市場」是指上市股票在臺灣證券交易所股份有限公司（簡稱證交所），透過集中競價的方式進行買賣的市場，經由電腦自動撮合成交；至於「店頭市場」則是上櫃股票在證券商營業處所議價買賣或透過電腦自動撮合成交的市場，目前我國的交易場所設於財團法人中華民國證券櫃檯買賣中心（簡稱櫃買中心）。透過上市、上櫃的股票交易管道，企業可進入資本市場，享受不同層面的好處，分別整理於下：

公司層面	1. 公開募資便利，降低資金取得成本，公司不必再私下個別尋找募資對象
	2. 提升企業形象及競爭力，鞏固公司的市場地位
股東層面	1. 上市櫃公司受到監管單位的監督，須遵行內控相關辦法，公司治理得以落實，進而保障股東之權益
	2. 上市櫃市場交易量大，股東持有的股票能在相對公開透明的市場中流通，變現性佳
員工層面	提升員工的社會地位，提高員工向心力，共同為公司業績拚搏

當然，進入資本市場後公司的資訊容易被對手掌握，同時也要擔負更多法令遵循的成本，除此之外，公司的股東結構將變得較複雜，這些都是進入資本市場前應考量的因素。因此，有些家族企業獲利穩定，也不需募集大量資金拓展業務，未必會想成為上市櫃公司。

臺灣資本市場發展完善，籌資管道並非僅限於上市或上櫃，特別是近年來產業變化快速，新創事業紛紛崛起，對於部分無法達到上市櫃門檻，卻仍有募資需求的企業，櫃買中心底下亦設有興櫃股票市場，針對已公開發行且營運良善，但獲利狀況尚未穩定的公司，提供合法與透明的交易平台，使企業能夠自由募資；除此之外，我國的微型及小型創新企業眾多，這些企業規模較小且未公開發行，但擁有十分可觀的發展潛能，櫃買中心底下也設立了創櫃板，提供這些微型及小型創新企業籌資的管道，進而擴展我國的多層次資本市場結構，延伸募資管道至非公開發行公司。

　　總結上述我國多層次資本市場結構及新創公司進入資本市場的路徑，整理如下：

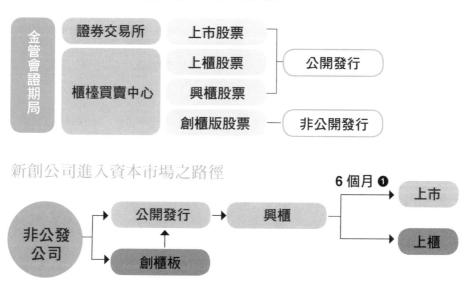

我國多層次資本市場結構

金管會證期局　證券交易所　上市股票

櫃檯買賣中心　上櫃股票　興櫃股票　公開發行

創櫃版股票　非公開發行

新創公司進入資本市場之路徑

非公發公司　公開發行　興櫃　6個月❶　上市　上櫃

創櫃板

❶ 上市或上櫃條件之一為需於興櫃市場交易滿 6 個月。

創櫃板

創櫃板的特色

為了幫助微型及小型的新創企業向大眾募資，櫃買中心籌設了「創櫃板」供企業選擇。創櫃板可以說是企業進入資本市場的「新手村」，進入門檻較興櫃、上市櫃低，創櫃板公司未辦理股票公開發行程序，屬「非公開發行公司」，大大放寬了以往的籌資限制。

對於追求長遠發展的企業來說，創櫃板的「公設聯合輔導機制」提供了主要行業別內部控制及會計制度公版，可協助公司建立內控制度。在申請通過後，櫃買中心會引入專業單位為企業提供最長 2 年的會計、內部控制、行銷及法制作業輔導，並經過審查確認制度健全且能有效執行。

申請創櫃板並沒有設立年限、獲利能力及資本額之限制，但應符合以下條件，檢具登錄創櫃板申請書及營業計畫書等文件：

（1）依《公司法》組織設立之股份有限公司或有限公司，或募集設立股份有限公司之籌備處。

（2）具創新、創意構想及未來發展潛力。

（3）願接受「公設聯合輔導機制」。

登錄創櫃板的流程

提出申請到正式登錄創櫃板，須經過以下幾個階段：

提出申請	檢具「登錄創櫃板申請書」，備齊營業計畫書等相關書件向櫃買中心提出申請
通過創新創意審查	1. 半數以上外部專家同意通過創新創意審查；或 2. 取得「公司具創新創意意見書」等5種情形 ❷，免經創新創意審查，但仍須接受綜合評估
公司誠信綜合評估	經櫃買中心綜合判斷無違反誠信原則、重大違反法令或涉有重大非常規交易等情事
納入輔導	由櫃買中心統籌外部專業單位提供會計、內部控制、行銷及法制作業等輔導，輔導期間原則上最多2年
評估輔導成效及增資計畫合理性	重點包括： 1. 申請公司經營團隊、董事會運作、內部控制及會計制度是否健全建立並有效執行 2. 會計處理符合《商業會計法》之規定 3. 評估其登錄前之增資計畫之可行性與合理性
辦理登錄前現金增資	於櫃買中心網站之創櫃板專區公告辦理籌資之相關資訊，公司可選擇由一般投資人認購或僅供天使投資人 ❸ 認購，認購後也可以選擇認購人名單，若未認購足額則應辦理退款且無法登錄 除「原始股東」、「天使投資人」及「提供3,000萬財力證明並具專業知識或交易經驗之自然人」無投資限額外，其他投資人最近一年內透過創櫃板認購之投資金額不得超過15萬
登錄創櫃板	公司或籌備處於完成創櫃板前之籌資並辦理變更登記或設立登記後，即可擇定登錄創櫃板日期，正式成為創櫃板公司

❷ 以上所說的 5 種情形如下：

1. 取具推薦單位所出具之「公司具創新創意意見書」者。
2. 取具中央目的事業主管機關出具敘明公司具創新創意理由之推薦函者。
3. 獲得經櫃買中心認可之國家級獎項並經推薦單位推薦者。
4. 獲得經櫃買中心認可之國內外機構登錄或認證為社會企業並經推薦單位推薦者。
5. 最近年度經會計師查核簽證之財務報告顯示營業收入達 5,000 萬元以上者。

❸ 天使投資人包含「專業機構投資人」、「最近一期經查核或核閱之財務報告股東權益超過 5,000 萬，且設有投資專責單位之法人或基金」、「簽訂信託契約之信託業，其委託人符合前兩項天使投資人規定」及「創業投資事業」。

　　企業在順利登錄創櫃板後，櫃買中心仍會持續輔導，讓公司的財務透明化、確保內控制度仍能有效執行。此外，創櫃板公司負有定期及不定期揭露資訊的義務：

登錄創櫃板募資應注意的事項

儘管登錄創櫃板似乎十分具有吸引力，但企業仍必須綜合衡量登錄創櫃板的相關成本效益，才能作出最適合企業的籌資計畫。在此列出幾點應注意事項，供新創企業主參考：

一、處於草創期的企業須謹慎評估成本效益

登錄創櫃板的前置作業繁多，特別是企業在接受輔導的過程中，必須投入許多時間及金錢等資源來建置管理制度，與內部人員及外部專業人士密切溝通，並確保制度能夠有效執行，其相關投入成本對於草創期的新創企業來說不容小覷。至於籌資效益方面，由於創櫃板對一般投資人設有投資金額上限，且未取得「公司具創新創意意見書」等認證的企業最多只能募資 3,000 萬元。因此，若想要彰顯創櫃板的籌資效益，企業必須衡量內部制度的建置成本，並以吸引機構投資人為目標，避免籌資不成，反倒落得資源耗盡的下場。

二、企業應評估是否有足夠的募資能力

企業如果想要登錄創櫃板，必須先完成登錄前的現金增資，開放投資人認購。因此，有志登錄創櫃板的企業，必須確保企業本身的條件足以吸引首批的投資人（至多兩次認購），否則若無法順利募資成功，不僅無法順利登錄，還得面臨退款並加付利息的窘況。

三、建議先取得「公司具創新創意意見書」或「主管機關之推薦函」

取得「公司具創新創意意見書」或「主管機關之推薦函」的企業，申

請登錄創櫃板可免經「創新創意審查」,且募資金額不受**3,000**萬元的限制。

目前符合出具「公司具創新創意意見書」資格的推薦單位如下:

創櫃版推薦單位摘錄 ❹	
中央目的事業主管機關	經濟部中小企業處、農委會、文化部、科技部等
縣(市)以上層級政府	新北市政府、臺北市政府、臺南市政府、高雄市政府、臺中市政府等
創櫃板管理辦法明訂之推薦單位	工業技術研究院、資訊工業策進會、國家實驗研究院、商業發展研究院等
經櫃買中心認可之推薦單位	中國生產力中心、生物技術開發中心、台北市電腦商業同業公會、金屬工業研究發展中心、台灣創意設計中心、紡織產業綜合研究所、臺灣大學、政治大學、清華大學、交通大學、成功大學、中山大學、臺灣科技大學、臺北科技大學等

❹ 詳細情形可參考櫃買中心網站之創櫃板專區/創櫃板簡介/推薦單位聯絡窗口

艾蜜莉小學堂

什麼是內控制度?

　　內控制度是由公司董事會及經理人設計,並由董事會、董事、監察人、經理人及其他員工執行的管理過程。比方說管錢不管帳、定期輪調等都是設計內控制度的原則之一,其所希望達成的目標有:

　　(1)達成營運績效及維護資產安全

　　(2)使企業能夠提供可靠、及時、透明的財務及非財務報導

　　(3)使企業運作符合相關法令規章

　　設計制度時會涵蓋所有營運環節,通常會分成9大循環,需要公司人員依標準流程行事,還要依法令更新或交易流程變動隨時調整才能達成上述目標。

興櫃

對於已公開發行股票的新創企業，跨足資本市場最為便利的方法就是進入興櫃市場，其原因在於興櫃市場無資本額、設立年限與獲利能力等限制，無疑是熟悉證券市場運作的最佳入門磚，在滿足籌資需求的同時，也可增加公司的知名度。

儘管公開發行公司登錄興櫃並無資本額、獲利能力及設立年限等規定，只需 2 家以上推薦證券商推薦即可，且櫃檯買賣中心僅採書面審查，故興櫃公司自申請日起最快第 9 個營業日即可開始交易。

申請興櫃之基本條件如下：

申請興櫃之基本條件	
輔導期限	公開發行後，已檢送 1 個月之興櫃公司財務業務重大事件檢查表
推薦證券商	2 家以上推薦證券商，應指定 1 家為主辦，餘係協辦
股東轉讓股份	股東應轉讓持股 3%（且不低於 50 萬股）給推薦證券商認購
服務機構	應委任專業股務代理機構辦理股務
薪酬委員會	應設置薪資報酬委員會
股票形式	募集發行、私募之股票及債券，皆應全面無實體發行

值得注意的是，興櫃股票的交易方式採「與輔導推薦證券商議價」，與一般上市櫃股票的電腦自動撮合交易不同，對於買賣雙方而言，其交易價格及數量存在更大的商議空間。另一方面，由於每一檔興櫃股票至少都

有二家以上的推薦券商，負責其所推薦之興櫃股票的議價交易，因此同一檔興櫃股票，同一個時點，在不同的推薦證券商營業處所可能出現不同的成交價格。最後，興櫃股票未來不必然會上市或上櫃，必須視企業自身的規劃以及是否能夠達到上市櫃的掛牌條件而定。

上櫃

在企業的經營規模達一定程度以後，為了讓業務量繼續成長，企業對於資金的需求必然更為迫切，上市櫃公司的股票流通率高，因此許多國內企業傾向上市櫃，一方面拓展企業在產業界的地位，另一方面在籌募資金上也更為容易。

然而，想要進入上市櫃股票市場，企業必須達到一定的門檻，其中，上櫃對於設立年限、實收資本額、獲利能力、股權分散等要求較上市低，成為許多中小型公開發行公司的選擇目標。我國企業只要在興櫃股票市場交易滿 6 個月以上，即可申請上櫃，值得注意的是，我國在 107 年 3 月 31 日推出了「多元上市櫃方案」，放寬了上櫃的財務標準，企業只要符合「獲利能力標準」或「淨值、營業收入及營業活動現金流量標準」之一即可達到申請門檻，相關的申請條件彙整如下：

申請一般上櫃之基本條件		
設立年限	依《公司法》設立登記滿 2 個完整會計年度	
實收資本額	同時符合下列條件： 1. 公司實收資本額須達 5,000 萬元以上 2. 募集發行普通股股數達 500 萬股以上	
財務標準 （符合右列標準之一）	獲利能力標準	最近 1 個會計年度之「稅前淨利」不得低於 400 萬元，且占股本之比率符合下列標準之一： 1. 最近 1 個會計年度達 4%，且無累積虧損 2. 最近 2 個會計年度均達 3% 3. 最近 2 個會計年度之平均達 3%，且最近 1 個會計年度之獲利能力較前 1 會計年度為佳
	淨值、營業收入及營業活動現金流量標準	同時符合下列條件：1. 最近期經會計師查核簽證或核閱財務報告之淨值達 6 億元以上且不低於股本 2／3 2. 最近 1 個會計年度來自主要業務之營業收入達 20 億元以上，且較前 1 個會計年度成長 3. 最近 1 個會計年度營業活動現金流量為淨流入
股權分散 ❺	同時符合下列條件：1. 內部相關人士以外之記名股東人數不少於 300 人 2. 內部相關人士以外之記名股東所持股份總額占發行股份總額比率達 20% 或超過 1,000 萬股	
推薦證券商	2 家以上證券商書面推薦，應指定 1 家為主辦，餘係協辦	

❺「股權分散」規定，是為了落實公司資本大眾化，經營成果由社會共享的理念，至於所謂的「內部相關人士」，包含以下對象：

（1）內部人：公司的董事、監察人、經理人、持股超過股份總額 10% 之股東

（2）內部人之配偶以及未成年子女

（3）內部人持股超過 50% 之法人

為扶植尚未獲利的科技事業（包含生物科技、農業企業）或文化創意事業得以即早進入資本市場，取得營運所需資金，現行上櫃審查機制已放寬申請規定，公司如能取得經濟部、農委會或文化部出具之意見書，可豁免「獲利能力」及「設立年限」之上櫃審查條件。科技事業或文化創意事業上櫃之基本條件，整理如下：

申請科技事業或文化創意事業上櫃之基本條件	
主管機關評估意見	取得經濟部、農委會或文化部出具其係屬科技事業或文化創意事業且具市場性之評估意見
設立年限	無限制
實收資本額	同時符合下列條件： 1. 公司實收資本額須達 5,000 萬元以上 2. 募集發行普通股股數達 500 萬股以上
財務標準	無限制，但科技事業最近期經會計師查核簽證或核閱財務報告之淨值不低於股本的 2／3
股權分散	同時符合下列條件： 1. 內部相關人士以外之記名股東人數不少於 300 人 2. 內部相關人士以外之記名股東所持股份總額占發行股份總額比率達 20% 或超過 1,000 萬股
推薦證券商	2 家以上證券商書面推薦，應指定 1 家為主辦，餘係協辦

上市

　　上市股票是掛牌標準中最為嚴格的，對於設立年限、實收資本額、獲利能力、股權分散等要求也最高；同樣地，若公司想要進入上市股票市場，必須先在興櫃股票市場交易滿 6 個月以上，才符合上市的基本門檻；另外，前面提過的「多元上市櫃方案」也放寬了上市的財務標準，針對「大型無獲利企業」新增適用門檻，即便公司沒有達到「獲利能力標準」，亦有機會符合上市資格，其相關規定整理如下：

申請一般上市之基本條件			
設立年限	公司必須依《公司法》設立登記屆滿 3 年以上		
實收資本額	同時符合下列條件： 1. 公司實收資本額須達 6 億元以上 2. 募集發行普通股股數達 3,000 萬股以上		
財務標準（符合右列標準之一）	獲利能力標準	最近 1 個會計年度無累積虧損，且財務報告之「稅前淨利」占股本之比率符合下列標準之一： 1. 最近 2 個會計年度均達 6% 2. 最近 2 個會計年度之平均達 6%，且最近 1 個會計年度之獲利能力較前 1 個會計年度為佳 3. 最近 5 個會計年度均達 3%	
	市值、淨值、營業收入及營業活動現金流量標準	市值達 50 億元	同時符合下列條件： 1. 最近 1 個會計年度營業收入大於 50 億元，且較前 1 個會計年度為佳 2. 最近 1 個會計年度營業活動現金流量為正數 3. 最近期及最近 1 個會計年度財務報告之淨值，不低於財務報告所列示股本 2／3
		市值達 60 億元	同時符合下列條件： 1. 最近 1 個會計年度營業收入大於 30 億元，且較前 1 會計年度為佳 2. 最近期及最近 1 個會計年度財務報告之淨值，不低於財務報告所列示股本的 2／3
股權分散	同時符合下列條件：1. 記名股東人數在 1,000 人以上 2. 內部相關人士以外之記名股東人數不少於 500 人 3. 內部相關人士以外之記名股東所持股份總額占發行股份總額比率達 20% 或滿 1,000 萬股		

值得注意的是，有鑑於政府對於食安問題的重視，針對食品工業以及最近 1 個會計年度餐飲收入達整體營收半數以上的公開發行公司，政府要求其必須符合設置實驗室、從事自主檢驗等相關規範才能申請上市。

如同上櫃之規定，為扶植尚未獲利的科技事業（包含生物科技、農業企業）或文化創意事業，上市審查機制亦放寬申請規定，公司如能取得經濟部、農委會或文化部出具之意見書，可豁免「獲利能力」及「設立年限」之上市審查條件。科技事業或文化創意事業上市之基本條件，整理如下：

申請科技事業或文化創意事業上市之基本條件	
主管機關評估意見	取得經濟部、農委會或文化部出具其係屬科技事業或文化創意事業且具市場性之明確意見書
設立年限	無限制
實收資本額	同時符合下列條件： 1. 公司實收資本額須達 3 億元以上 2. 募集發行普通股股數達 2,000 萬股以上
財務標準	無限制，但最近期及最近 1 個會計年度財務報告之淨值不低於財務報告所列示股本的 2 ／ 3
股權分散	同時符合下列條件： 1. 記名股東人數在 1,000 人以上 2. 內部相關人士以外之記名股東人數不少於 500 人
推薦證券商	經證券承銷商書面推薦

介紹完上市櫃的申請條件，最後提醒企業主，證交所及櫃買中心有提出它們認為「不宜上市櫃」的情況。以下列舉幾項供企業主參考：

條款	舉例
財務或業務未能與他人獨立劃分	1. 資金來源過度集中於非金融機構 2. 與他人共同使用貸款額度而無法明確劃分 3. 與他人簽訂對其營運有重大限制或顯不合理之契約
重大勞資糾紛或重大環境污染之情事	1. 未依法提撥勞工退休金 2. 積欠勞工保險保費及滯納金，經依法追訴仍未繳納 3. 依法應取得污染相關設置、操作或排放許可證而未取得
重大非常規交易	1. 進銷貨交易之目的、價格及條件，與一般正常交易明顯不相當 2. 向關係人買賣不動產，收付款條件明顯異於一般正常交易
違反誠信原則之行為 ❻	1. 公司逾期償還金融機構貸款 2. 董事、監察人、總經理或實質負責人觸犯貪污、瀆職、詐欺、背信、侵占等罪，經法院判決有期徒刑以上之刑責
所營事業嚴重衰退	1. 近 3 個會計年度之營業收入、營業利益或稅前淨利連續負成長 2. 產品或技術已過時，而未有改善計畫者

❻ 指公司或申請時之董事、監察人、總經理或實質負責人於最近 3 年內有相關情事。

創櫃板、興櫃、上櫃、上市條件比較

	創櫃板	興櫃	上櫃	
			一般上櫃	
設立年限	無限制	無限制	滿 2 個會計年度	
實收資本額	無限制	無限制	同時符合下列條件：1. 公司實收資本額須達 5,000 萬元以上 2. 募集發行普通股股數達 500 萬股以上	
財務標準	無限制	無限制	符合下列標準之一：1. 獲利能力標準 2. 淨值、營業收入及營業活動現金流量標準	
股權分散	無限制	無限制	同時符合下列條件： 1. 內部相關人士以外之記名股東人數不少於 300 人 2. 內部相關人士以外之記名股東所持股份總額占發行股份總額比率達 20% 或超過 1,000 萬股	
輔導要求	由櫃買中心統籌外部專業單位提供會計、內部控制、行銷及法制作業等輔導，輔導期間原則上最多 2 年	公開發行後，由主辦輔導推薦之證券商檢送最近 1 個月對該公司之「財務業務重大事件檢查表」	於興櫃市場	
推薦證券商	無限制	經 2 家以上證券商書面推薦	經 2 家以上證券商	

	上市	
科技事業或文化創意事業上櫃	一般上市	科技事業或文化創意事業上市
無限制	屆滿 3 年以上	無限制
	同時符合下列條件： 1. 公司實收資本額須達 6 億元以上 2. 募集發行普通股股數達 3,000 萬股以上	
無限制，但科技事業最近期淨值不低於股本的 2 ／ 3	符合下列標準之一： 1. 獲利能力標準 2. 市值、淨值、營業收入及營業活動現金流量標準	無限制，但最近期及最近 1 個會計年度之淨值不低於股本的 2 ／ 3
	同時符合下列條件： 1. 記名股東人數在 1,000 人以上 2. 內部相關人士以外之記名股東人數不少於 500 人 3. 內部相關人士以外之記名股東所持股份總額占發行股份總額比率達 20% 或滿 1,000 萬股	同時符合下列條件： 1. 記名股東人數在 1,000 人以上 2. 內部相關人士以外之記名股東人數不少於 500 人
交易滿 6 個月	於興櫃市場交易滿 6 個月	
書面推薦	無限制	經證券承銷商書面推薦

創業心法─艾蜜莉會計師的私房創業學

　　這本書是寫給創業家的，我自己本身也在創業，我雖然不是天生的創業家，但創業這條路上有幸向許多前輩學習，深深體會除了硬知識或技能之外，一個正確心態及思維對於創業可能有更關鍵的影響。

　　本書的最後一章，我與讀者分享個人創業心得及對成功創業家的第一手觀察，與讀者共勉。

全力以赴

　　有人說，不能 **ALL IN** 的人千萬不要去創業。

　　根據個人觀察，許多名校畢業生或大公司員工，起心動念想創業，但卻捨不下大公司的優渥薪資及職銜，要不是動動念頭便放棄，就是腳踏兩條船兼著做。根據經濟部中小企業處創業諮詢服務中心統計，一般民眾創業，1 年內倒閉的機率高達 90%，而存活下來的 10% 中，又有 90% 會在 5 年內倒閉。換句話說，能撐過前 5 年的創業家，只有 1%，新創企業前 5 年陣亡率高達 99%。如果創業成功機率這麼低，不全力以赴背水一戰，哪有成功機會呢？

如履薄冰

前 Intel 執行長安迪·葛洛夫的名言是「唯偏執狂得以生存」（Only the Paranoid Survive）。Paranoid，中文一般多翻為偏執，劍橋詞典的解釋是 "feeling extremely nervous and worried because you believe that other people do not like you or are trying to harm you"，指的是因為認為其他人不喜歡你或試圖傷害你而極度緊張及擔憂，譯為「戰戰兢兢」似乎更恰當。

創業家，尤其是科技產業的創業家，需要敏銳地察覺市場動態與技術演進，留意影響公司發展的各個環節。事實上，許多傳統產業也正面臨新興科技的衝擊，FinTech、RegTech、區塊鏈、人工智慧等層出不窮的科技名詞正在改變傳統產業的樣貌，看似穩固的地基，也可能突然天崩地裂。

創業從來不是一條順遂的道路，必須戰戰兢兢，如臨深淵，如履薄冰。

擁抱不確定

有別於大公司制度完善、階級明確、專業分工、標準的績效獎勵制度及升遷管道，創業猶如摸著石頭過河，縝密的創業計畫，最終發現計畫趕不上變化，很多時候只能做中學、錯中學，不斷調整改善。

創業，是一段探索未知的旅程；創業家，必須在一團迷霧中為自己的企業探索方向，願意擁抱不確定，再上路！

培養韌性

知名作家兼創業家諾姆·布羅斯基（Norm Brodsky）曾評論一個成功創業家最重要的特質就是「韌性」——一種從失敗中反彈、在逆境中起死回生、從自己錯誤中獲益的能力。

創業資源有限，一切又必須從零開始，高度不確定的情況下，難免必須做中學、錯中學，在這過程中創業家的心情也不免跟著起起伏伏。創業不只是技能的磨練，也是一種心性的考驗，屢戰屢敗後，是否又能屢敗屢戰，越挫越勇？創業絕非一帆風順，唯有靠「韌性」，才能撐過黎明前的黑暗，迎向成功的曙光！

捲起袖子動手做

在政府鼓勵創業的政策及氛圍下，許多大專院校及機關團體均有舉辦創業競賽，提供青年學子一個歷練的場域。但是，創業競賽其實是一場遊戲，比的是創業計畫書的書面內容及創業簡報的應對台風，評選的標準在於計畫完整性、商業模式分析、可行性評估、簡報技巧等；創業，是一場真實的賭局，貴在行動與執行。紙上談兵，無法產生任何成效，唯有捲起袖子動手「做」，夢想才能實現。

走入街頭

英文有個詞彙叫做「Street Smart」，意思是街頭生存的智慧；另一

個詞彙「Book Smart」，則是指聰明有學識。多年前的一個真人實境秀《誰是接班人》，由房地產大亨、現任美國總統的唐納‧川普（Donald Trump）主持，要在節目中挑選一位合適的人，成為川普的事業「接班人」。《誰是接班人》其中一季，即以 Book Smart 與 Street Smart 為主題，找了兩批背景截然不同的參賽者，由大學畢業但沒有太多工作經驗的菁英派參賽者對上高中畢業但已在商場上小有成就的街頭派參賽者，比賽看看是 Book Smart 還是 Street Smart。

真實世界中，不論是 Book Smart 或 Street Smart，都有成功的創業案例。菁英派創業家如張忠謀、街頭派創業家如郭台銘，都是非常值得另人學習的創業典範。張忠謀為美國史丹福大學電機工程博士並曾擔任跨國企業高階主管，但討論退休交棒議題時，最擔心卻是接班人不具有「生意人」的特質；郭台銘為中國海專畢業，但在企業內部成立「鴻海大學」，聘請國內知名學者組成團隊，負責鴻海人才培訓計畫。由此可知，要能真正成就一番事業，其實必須 Book Smart 與 Street Smart 兩者兼具。時有遇到商管科系畢業的青年創業家，執著於套用企管理論架構，忽略了理論與實際之間的差距，別忘了，創業得走入街頭，學習那些課堂外的本事。

取得階段性勝利

黎明前的黑暗，究竟有多漫長，誰也說不準。創業家是否有足夠的韌性，是一大挑戰，即使創業家有足夠的韌性，但團隊成員們呢？

漫長的創業旅程中,挫折是家常便飯,只設定單一遠大目標,很容易忘卻了過程中的進步,只感受到日常的挫折。如果將事業的規劃分成多個階段性目標,逐步取得多個階段性勝利(quick win),不時創造一些正能量,對團隊士氣都是莫大的鼓舞!

找出「魔術數字」

管理學有句名言:「如果你無法衡量它,你就無法管理它」(If you can't measure it, you can't manage it),點出經營績效管理制度的重要性。管理學另一句名言是:「你衡量什麼,就得到什麼」(You get what you measure),進一步點出經營績效指標的重要性。

經營績效指標,反映你對事業的經營視角,要能幫助你洞燭先機,接收解讀企業經營的重要訊號,不必多,但要有魔法!

親手打造企業文化

創客創業導師程天縱曾提出「企業文化洋蔥圈」的理論,企業文化的核心是企業「核心價值觀」,源自創辦人的信仰和信念,就如同企業版的待人處事原則,隨著企業逐漸成長茁壯,靠的就是企業核心價值觀及文化,形成團隊行為及態度的共同指引。

企業,看似是一個個體,其實是一群人的組成。企業文化,必須由你

親手打造，讓一群人可以志同道合在一起，成為一個團隊。

創造價值

價格取向的採購決策與成本導向的代工思維，可說是臺灣社會與產業長期以來的集體意識。代工思維強調降低成本與低價競爭，低價競爭的結果必然是回頭再降低成本（cost down），如此惡性循環不但忽略了品質的重要性，也忽視了供應者的貢獻。有些企業不斷 cost down 的結果，最後甚至選擇不合法的途徑，案例不一而足，如香精麵包、毒澱粉、假油、偷排廢水……。

臺灣其實不缺擅長 cost down 的公司，但需要有理想的年輕人，願意站出來，提出創新的構想，真正創造價值，透過創業，讓這個社會變得更好。

最後，我想引述吳思華教授《策略九說》中的幾句話，做為本書的結語：「企業因創造了價值而擁有存在的正當性。企業真正能夠戰勝競爭對手存活於社會的策略，是它創造了新的價值，而不是它打敗了敵人。」

艾蜜莉會計師的 10 堂創業必修課 / 鄭惠方
（艾蜜莉會計師）作 . -- 初版 . – 臺北市：
　時報文化, 2019.02
　320 面；17*23 公分
　ISBN 978-957-13-7542-7（平裝）
1. 創業 2. 企業經營
494.1　　　　　　　　　　　　107015177

ISBN 978-957-13-7542-7
Printed in Taiwan

識財經 16
艾蜜莉會計師的 10 堂創業必修課

作　　者──鄭惠方（艾蜜莉會計師）
主　　編──林憶純
行銷企劃──許文薰

總 編 輯──梁芳春
董 事 長──趙政岷
出 版 者──時報文化出版企業股份有限公司
　　　　　108019 台北市和平西路三段二四〇號七樓
　　　　　發行專線─（02）2306-6842
　　　　　讀者服務專線─ 0800-231-705、（02）2304-7103
　　　　　讀者服務傳真─（02）2304-6858
　　　　　郵撥─ 19344724 時報文化出版公司
　　　　　信箱─ 10899 臺北華江橋郵局第 99 信箱
時報悅讀網── www.readingtimes.com.tw
電子郵箱── history@readingtimes.com.tw
法律顧問──理律法律事務所　陳長文律師、李念祖律師
印　　刷──勁達印刷有限公司
初版一刷─ 2019 年 2 月 15 日
初版九刷─ 2024 年 4 月 15 日
定價─新台幣 400 元
（缺頁或破損的書，請寄回更換）

時報文化出版公司成立於 1975 年，並於 1999 年股票上櫃公開發行，於 2008 年脫離中時集團非屬旺中，以「尊重智慧與創意的文化事業」為信念。